ちくま新書

私たちは何を捨てているのか

――食品ロス、コロナ、気候変動

井出留美
Ide Rumi

1848

私たちは何を捨てているのか——食品ロス、コロナ、気候変動【目次】

［凡例］為替表示は、対象となる為替の前年の三菱ＵＦＪ銀行・年間平均為替相場（ＴＴＭ）により計算している。

はじめに

食品ロスのために失われている金額がいくらかご存知だろうか？　日本では年間4兆円、世界全体では2・6兆ドルにのぼる。

日本では、年間2兆1519億円もの税金が一般廃棄物の処理に使われている。その4割にあたる8000億円は、生ごみの処理費用ではないかと推測されている。しかも税金は、わたしたちに直接関係ない小売企業の食品ロス処理費用にもまわされている。

たとえば大手コンビニ1店舗が捨てる食品は年間468万円。これは民間組織の従業員の平均年収460万円に匹敵する金額だ。このコンビニから出る食品ロスは、多くの自治体で「事業系一般廃棄物」として回収され、家庭ごみと一緒に焼却処分される。処理費用はコンビニ加盟店も負担するが、わたしたちの税金も使われている。東京都世田谷区の場合、その処理に1キログラムあたり61円の税金をかけている。コンビニに限らず、食品スーパー、百貨店、飲食店、ホテルについても同じことが言える。

日本のごみ焼却率は約80％で、ＯＥＣＤ加盟国でワースト1位。一般的に生ごみの成分のおよそ8割は水である。わたしたち日本人は、この「燃えにくいごみ」を焼却処分するのに膨大な経費をかけ、無自覚のまま気候変動や自然災害に加担している。

欧州連合（ＥＵ）の気象情報機関「コペルニクス気候変動サービス」は、２０２４年の世界の平均気温が、産業革命以前の水準よりも1・6度高く、「パリ協定」の気温上昇の抑制目標である1・5度を単年ではじめて超えたと発表した。この気候変動の一因が食品ロスだと認識している人はどれくらいいるだろう。

世界中の食品ロスをひとつの国だと仮定すると、温室効果ガスをもっとも排出している中国、米国に次いで、第3位の排出源となる。世界の食料の生産から消費にいたる「食料システム」にまで話を広げると、人為的な温室効果ガス排出量の約21〜37％を占める。

わたしたちのいのちを育む食と農は、環境負荷の大きな産業でもあるのだ。だからこそ食品ロスを減らす必要がある。

本書では、冒頭に述べた食品ロスによって生じる莫大な費用や、そこに税金が使われている事実を明らかにしたい。それは雇用や教育、福祉、医療など、わたしたちの暮らしをよくすることに活《い》かせたはずの税金である。また「食品を捨てる」というありふれたことが気候変動につながる構図を示していきたい。

第1章では、「令和の米騒動」やコロナ禍でパニック買いが起きた原因と、コロナ下に世界各国でみられた「新しい生活様式」と食品ロスを防ぐための工夫について考える。

第2章では、日本の食と商慣習を、恵方巻、賞味期限、大手コンビニ、エッグショックなどを切り口に考える。

第3章では、コロナ禍や食料価格の高騰で深刻さを増す貧困問題について考える。

第4章では、食品ロスとごみ問題の解決策を各国・自治体・企業の取り組みから探る。

第5章では、地球規模の気候変動と食料システムの問題を身近な食品ロスから考える。

第6章では、食品ロス問題の根本とは何なのか、食べものを捨てるとき、わたしたちが捨てているのは何なのかを深掘りする。

わたしは外資系の食品企業で広報をしていた2008年、米国本社からフードバンク活動について教わり、日本のフードバンクと関わるようになった。それから数年後の2011年3月11日、東日本大震災が起こった。避難所は、ひとつのおむすびを4人で分け合う状況だと聞いていた。ところがフードバンクと共に食料支援に入った避難所では、「すべての人に平等に行き渡らない」という理由で、せっかく全国から届いた食料が配られず、食品ロスになる現実を目の当たりにした。そのことがきっかけとなり、わたしは食品ロス問題に取り組むようになった。それから国内外で取材や講演をおこない、いまはジャーナリストとして食品ロス問題について発信している。

本書は、食品ロス問題をグローバルな視点から考察し、「勝負の10年」と言われる気候変動の危機的な状況も含め、より多くの人たちに「自分ごと」としてとらえてもらいたいと思い、書いたものである。タイトルの「私たちは何を捨てているのか」を頭の片隅において本書を読んでいただけたらと思う。

第1章

パニック買いの背後で捨てられる食べもの

1 コメが消えた夏

2024年8月、国内のスーパーからコメが消えた。入荷してもすぐに品切れしてしまうため、店頭では購入制限がおこなわれた。SNSにはコメが消えたスーパーの食品棚の写真が並び、マスメディアも連日報道した。

†「食料安全保障の要」のコメがない

農林水産省の公式サイトには、コメについて次のように書かれている。

「お米の自給率はほぼ100%で、我が国の食料自給率に占める割合も大きいです。日本人にとってお米は食料安全保障の要《かなめ》とも言えます」

その「食料安全保障の要」であるはずのコメが、スーパーから消えた。

農水省は、コメが品薄になった理由を次のように説明している。

- 2023年産米の作況指数は「平年並み」でも、高温・渇水の影響で米粒が白っぽく濁る「白未熟粒《しろみじゅくりゅう》」が発生したため、精米後に白米として残る割合が90・6％と過去10年間で最低だった
- パンや麺と比べて値上がりがゆるやかだったため、米の需要が10年ぶりに増えた
- 新米が本格的に出まわる前の端境期《はざかいき》で在庫が少なかった
- 南海トラフ地震や台風に備えたまとめ買いの動きが出た
- お盆休みの影響で物流が滞った

†2割がパニック買いするだけで食品は消える

新型コロナの第1波でパニック買いが発生し、スーパーの棚から即席めん、パスタ、冷凍食品などが消えたことがあった。パニック買いに走ったのは消費者の2割ほどだったが、

それでも食品棚は空っぽになった。

2024年夏の「令和の米騒動」では、スーパーのコメの販売数量が対前年同期比で、南海トラフ地震に備えるよう呼びかけのあった8月8日前後に38・8%増加、台風10号上陸前の8月19日〜25日にかけて48・6%増加したという。コメが店頭から消えるのも無理はない。

政府と農水省は「米の需給が逼迫《ひっぱく》している状況にはなく、十分な在庫量は確保されている。今年の米の生育状況は順調で、すぐに新米が出まわりはじめる。まとめ買いなどはせずに、必要な量だけ米を買い求めていただきたい」とアピールしていた。

しかし、農水省が卸売業者に円滑な流通を要請しても、スーパーのコメ売り場は空っぽのまま。ようやく入荷した2024年産の新米の価格は、それまでの1・5倍〜1・7倍と驚くほどはねあがった。

†備蓄米が放出されなかったのはなぜか

国が「食料安全保障の要」としているコメが、ある日突然、入手できなくなってしまうというのはどういうことか。日本の食料安全保障とは、そんな薄氷の上に立たされていたのだろうか——。

30年前の「平成の米騒動」の教訓をもとに政府備蓄米が用意されており、今回の騒動で放出を求める声もあった。しかし、農水省は「米の需給や価格に影響を与える恐れがあるため慎重に考えるべき」と応じなかった（注：当時の岸田文雄首相から指示があり、こども食堂など食料支援団体への備蓄米の無償交付はおこなわれた）。

そもそも備蓄米とはどんなものか。食糧法では、10年に1度の不作や、通常程度の不作が2年連続しても対処できる量として、政府は100万トン程度のコメを備蓄しておくことになっている。毎年20万トン前後の新米を国費で買い入れ、5年間保管するため、備蓄量は常に約100万トン（2024年6月末時点の備蓄量は91万トン）だ。5年間持ち越した古米は入札を経て飼料米として販売されている。

2024年5月に改正された「食料・農業・農村基本法」で、「食料安全保障」は「（将来にわたって）良質な食料が合理的な価格で安定的に供給され、かつ、国民一人一人がこれを入手できる状態をいう」と定義されている。その食料の中でも、もっとも重要で日本人の暮らしになくてはならないのが、コメである。農水省のいう「食料安全保障の要」とは、そういうことのはずだ。

2024年の夏、食料自給率100％のコメを、品切れ、または価格の高騰のため入手できなかった人がいるということは記憶しておこう。

†実は大量廃棄されているコメ

品薄の裏で、まだ食べられるにもかかわらず、コメが大量に廃棄されていることも忘れてはならない。

神奈川県相模原市にある日本フードエコロジーセンターでは、首都圏にある百貨店、スーパー、コンビニなどの小売りや食品工場から出る食品ロスを、１日におよそ40トン受け入れ、豚の飼料に加工している。

運び込まれる食品ロスの２割にあたる約８トンが米飯だ。お茶わん１杯のごはんは約１５０グラムなので、毎日捨てられている８トンの米飯というのは５万３３３３杯分のごはんに相当する。コメが消えた夏に、これだけのごはんが無駄にされているのはどういうことなのだろう。

またＪＡＳ法および食品衛生法で精米は生鮮食品として扱われ、賞味期限の表示義務がない。そのためスーパーには、賞味期限のないコメの鮮度を、精米時期を基準に判断し、精米後１カ月強で商品棚から撤去する商慣習がある。

撤去されたコメは、筆者がスーパー５社に確認したところ、「廃棄」「従業員販売で安く売る」「フードバンクに寄付」「納入業者に返品（返品されたコメは飲食店にまわされる）」

ということだった。

†市販のコメを真空パックで売る台湾

おとなりの台湾では、コメは真空パックされ、賞味期限1年で売られているという。台湾向けにコメを輸出している日本企業も、真空パック加工を施し、賞味期限は1年間としている。

それなら日本でも精米を真空パックにして賞味期限1年で販売すれば、販売期間を現状の1カ月から8カ月に延ばせるのではないか。

業界団体に問い合わせると、「可能性はあまりないと思う。空気が入ると交換（返品など）になってしまうので業者はやりたがらないのではないか」（日本米穀商連合会）、「設備投資、人手、製造責任などを勘案すると現実味がなく、精米業者での対応となると思われるが、そのコスト上昇分を消費者が価値として負担してもらえるかがポイントになってくると考える」（全国スーパーマーケット協会）という回答だった。

†米の販売期限が精米後1カ月の理由

そもそも精米時期表示しかないコメが、精米後1カ月ほどで棚から撤去されてしまうのはなぜなのだろう。

米国のあるウェブサイトには、精米は2年間保存できるとある。先日、カンボジアの大学で講義をした帰りにのぞいたスーパーのコメ売り場でも、コメは2年間の期限表示だった。

精米の「賞味期限」設定に取り組んだ横江未央氏と川村周三氏の研究によると、精米の賞味期限は、保管場所の室温が25度の場合2ヵ月、20度で3ヵ月、15度で5ヵ月、5度で7ヵ月だという（Yokoe and Kawamura, 2008）。

空調の効いたスーパーの店内は室温が25度前後である。消費者においしいコメを食べてもらおうとすれば、店頭での販売期限が精米後1ヵ月程度とされていることは、やむを得ないのかもしれない。しかし、賞味期限は、第2章第3節で詳しく述べるが、「おいしさのめやす」にすぎない。精米して2ヵ月たったコメだとしても、食べられなくなるわけではないのだ。

†米の食料安全保障のためにすべきこと

日本でもコンビニなどで見かける2合入りの小袋のコメは、真空パック加工されていないにもかかわらず、賞味期限は半年から1年となっている。

コメの賞味期限を1年にできるのはなぜなのか。製造元であるアイリスオーヤマによると「米の包装に『窒素入り高機密パック』を使い、『脱酸素剤』を同封することで、劣化の原因となる酸素や湿気を遮断し、未開封の場合、1年間は鮮度保持できる」からだという。

多少価格は高くなっても「魚沼産コシヒカリ」「山形産つや姫」などのブランド米を、とことんおいしく食べる選択肢があっていいと思う。

逆に精米後2カ月以上たったコメを、特別な包装なしに値下げして販売するという選択肢があってもいいのではないか。消費者の優先順位は味とは限らない。育ち盛りの子どもが何人もいる家庭では質より量がよろこばれることもあるはずだ。

日本人にとってコメは「食料安全保障の要」であり、生活に欠かせない、決して切らしてはいけない食料である。食料安全保障のため、猛暑でも生産量の落ちない高温耐性品種米の栽培を広げることや、備蓄米の運用方法を再検証することも重要に違いない。しかし、コメの供給を安定させるためにすべきは、まずコメの食品ロスを減らすことではないだろうか。

2 「新しい生活様式」は食品ロスを減らしたのか？

2023年5月に新型コロナウイルス感染症が季節性インフルエンザと同じ感染症法上の5類になって1年以上が過ぎた。感染者数や死者数は大騒ぎしていたパンデミック初期よりずっと多いのに、コロナ禍はわたしたちの意識からすっかり離れてしまった。百年前のスペイン風邪のように、コロナ禍もこのまま忘れ去られていくのかもしれない。だとしたら、風化してしまう前に考えておきたいことがある。

それはコロナ下の「新しい生活様式」とは何だったのかという問いだ。それはわたしたちの暮らし、特に食や食品ロスに何をもたらしたのか——。

†コロナ禍の幕開け

2020年2月27日に安倍晋三首相（当時）が、全国すべての小中高校に3月2日からの休校要請をすると、牛乳やパンなど学校給食用の食材は行き場を失い、食品ロスとなった。

コロナの第1波で、同年3月25日に東京都の小池百合子知事が「不要不急」の「外出自粛」を呼びかけ、日本でもロックダウン（都市封鎖）が現実味をおびてくると「パニック買い」が発生し、スーパーの食品棚から即席めん、パスタ、冷凍食品などが姿を消した。4月7日に政府が発出した第1回緊急事態宣言で「ステイホーム」という言葉が繰り返され、大手百貨店が休業をはじめると、デパ地下向けの食材は行き場を失った。

†コロナ下の「新しい生活様式」

在宅勤務や休校により、家族で過ごす「おうち時間」が増えると、親子でホットケーキやパンを焼いたり、産直の野菜や魚をネット通販で取り寄せ、プロの料理人の動画を参考に本格的な料理に挑戦したりと、多くの人が「おうちごはん」を楽しむようになった。免疫力を上げるため発酵食品を食べたり、野菜をこれまで以上に食べたりと健康志向が高まった。こうした「巣ごもり需要」を受け、スーパーの売り上げが伸びた。

買い物の仕方にも変化が見られた。感染リスクとなるスーパーでの買い物の回数や滞在時間を減らすため、買い物リストを用意したり、「まとめ買い」したりする動きが見られた。

ネットスーパーの利用者も増えたが、成城石井の調査（2020年8月）からは「生鮮食品は直接見て手に取ってから購入したい（75・2％）」と、リアル店舗を選ぶ消費者意識が浮かび上がってくる。それはコロナ下に消費者が食品の鮮度や期限に、より敏感になったことと無関係ではない。2020年5月にグランドデザイン社がおこなった調査によると、42・2%の人は食品棚に並んでいる商品の中で、もっとも期限の長いものを選ぶようになったという。

†コロナショックと食

「コロナショック」とは、コロナ下の外出自粛などの行動制限により、外食や観光の需要が激減し、それが製造業にまで波及した不況のことをいう。

厚生労働省によると、2020年4月から6月までの実質国内総生産（GDP）の成長率は年率換算で前期比マイナス28・6%とリーマンショックを超える落ち込みになった。総務省統計局によると「2020年の完全失業者数は191万人と29万人増加（11年ぶりの増加）」した。また日本政府観光局（JNTO）によると、コロナ下の入国制限のため、2019年に3188万人だった訪日外国人数は、20年に412万人、21年には24・6万人と激減し、インバウンド需要はほぼ消滅した。

2020年の外食産業の売上高は、感染拡大防止のため「時短営業」「営業自粛」が求められた影響で、過去20年間で最大の減少率となった（図1－1）。

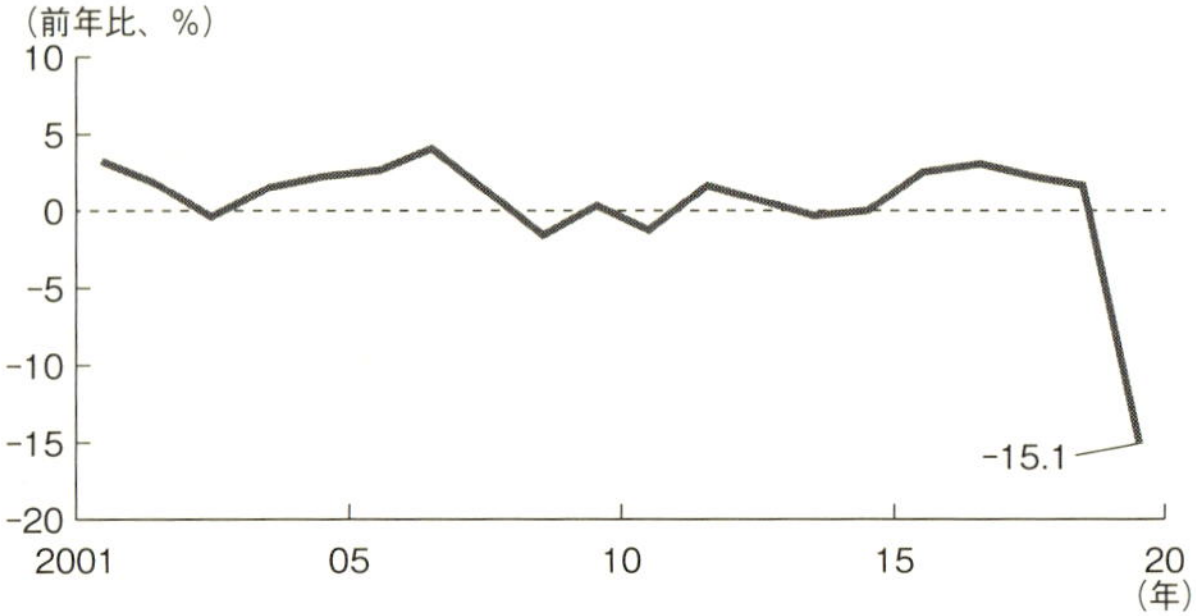

図 1-1　飲食店の売上高推移。税抜きベース（出典：内閣府「新型コロナウイルス感染症禍の外食産業の動向」2021。日本フードサービス協会「外食産業市場動向調査」により作成）

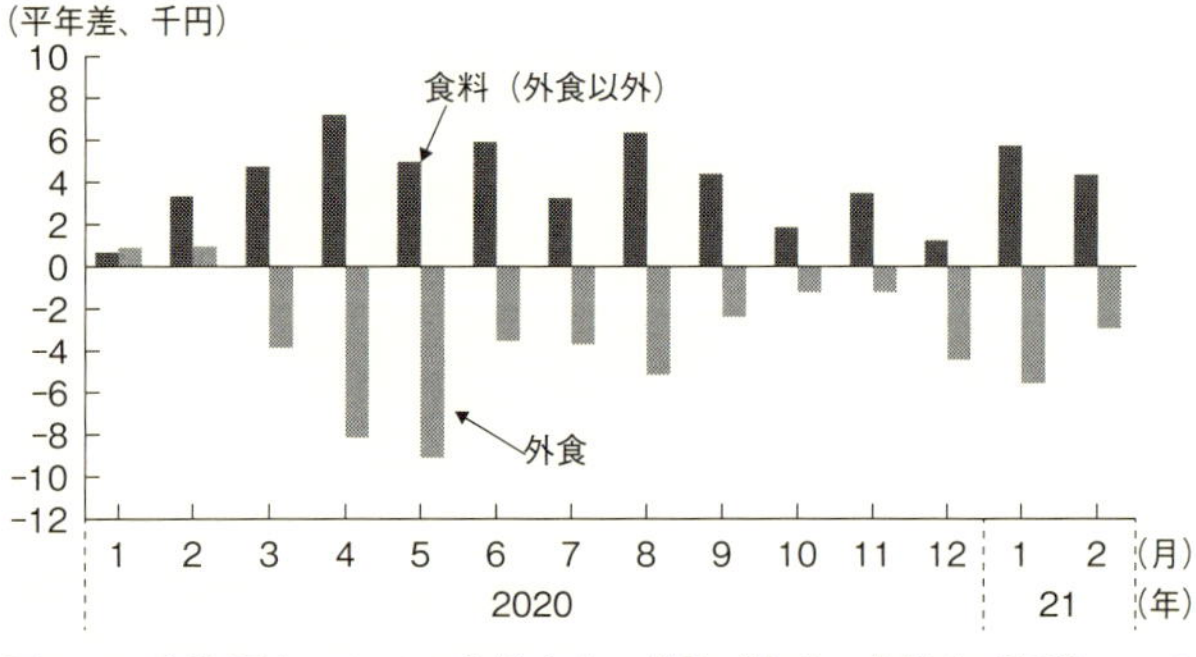

図 1-2　家計調査における食料支出の推移（出典：内閣府「新型コロナウイルス感染症禍の外食産業の動向」2021。総務省「家計調査」により作成。2 人以上総世帯の数値）

消費者の食料支出は、2020年3〜4月の「巣ごもり需要」で食料品への支出が平年を大きく上まわる一方、外食支出は大きく下まわった。同年9〜11月の「Go To Eat キャンペーン」で差は縮まるが、2021年1月の第2回緊急事態宣言により、再び差は開いていく（図1-2）。

そんな中、「デリバリー」や「テイクアウト」といった、感染動向に左右されにくいビジネスに活路を見いだした外食産業もある。

†応援消費

コロナショックにより、インバウンド需要とともに国内の外食需要も落ち込んだため、料亭やホテルからの発注が止まり、高級食材は行き場を失った。さらに2020オリンピック東京大会が1年延期されると、需要を見込んで生産量を増やしていた生産者の計画は狂った。

農林水産省は、こうした生産者を支援するために「元気いただきますプロジェクト」をはじめた。ネット通販の送料を負担し、和牛、マグロ、タイなどの余剰食材を消費者に「食べて応援」してもらう取り組みだ。

それとは別に、コロナ禍で業務用の需要が低迷していたところに学校の冬休みで給食がなくなり牛乳の需要が激減したため、乳製品をふだんより1個多く消費しようと呼びかける「プラスワンプロジェクト」もおこなわれた。

コロナ禍で販路を失った農家や漁師のために「食べて応援プロジェクト」を立ち上げた食べチョク代表の秋元里奈さんは、「『生産者さんが食材の向こうにいる』という当たり前のことを、皆さんが実感できた」のではないかと語っている。

†東京オリンピックの食品ロス

2020オリンピック東京大会は、1年延期されて開催された。大会組織委員会は食品ロス対策として、感染者が出て来日選手数が減る、また予期せぬ事態で大会が開催できない場合、「キャンセルできる発注はキャンセル、発注済みのものは他の用途への転用など、無駄にしない様々な対応を行う」としていた。

しかしじっさいには、13万食(1億1600万円相当)ものボランティア用の弁当がこっそり処分されていたことが、TBS「報道特集」のスクープで明らかになった。「持続可能性に配慮した運営方針」だったにもかかわらず、無観客開催でボランティアの人数が減ったのに弁当の発注数量を減らしていなかったというおそまつさだった。

2021年12月に大会組織委員会は、ボランティア用の弁当の食品ロスは30万食で提供

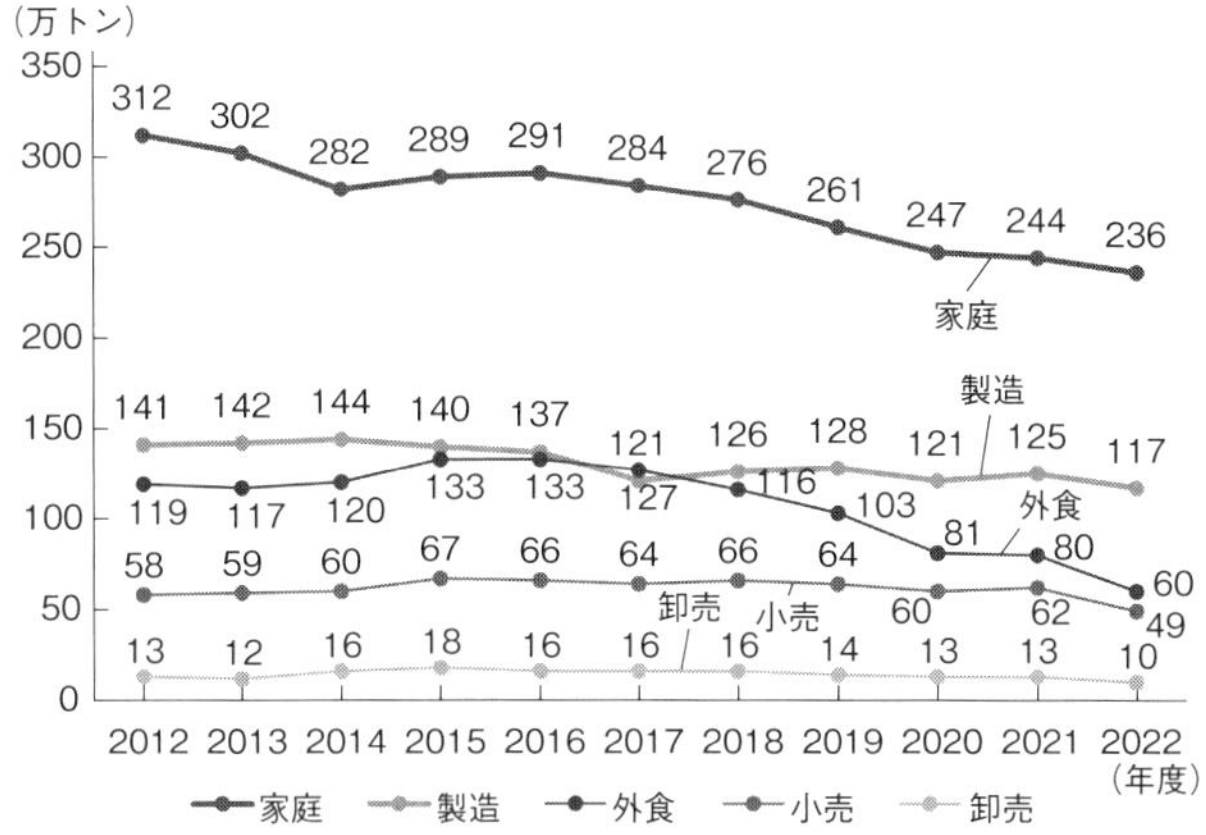

図1-3　食品ロス量の推移（出典：環境省・農林水産省のデータをもとに作成）

数の約19%だったと公表した。

†「かしこい消費行動」のきっかけに

ここまで見てきたように、コロナ下は食品ロスの発生しやすい状況だったといえる。同時に、食品ロスを防ぐさまざまな工夫の見られた期間でもあった。その結果、製造・卸売・小売・外食・家庭のすべての分野で食品ロス量の減少が見られた（図1―3）。

特に外食産業では、2019年比で2021年に22%減、2022年に42%減と大幅に減少した。外食ほどではないが、2022年には製造・卸売・小売も食品ロス量を減らしている。

2022年にはロシアのウクライナ侵攻

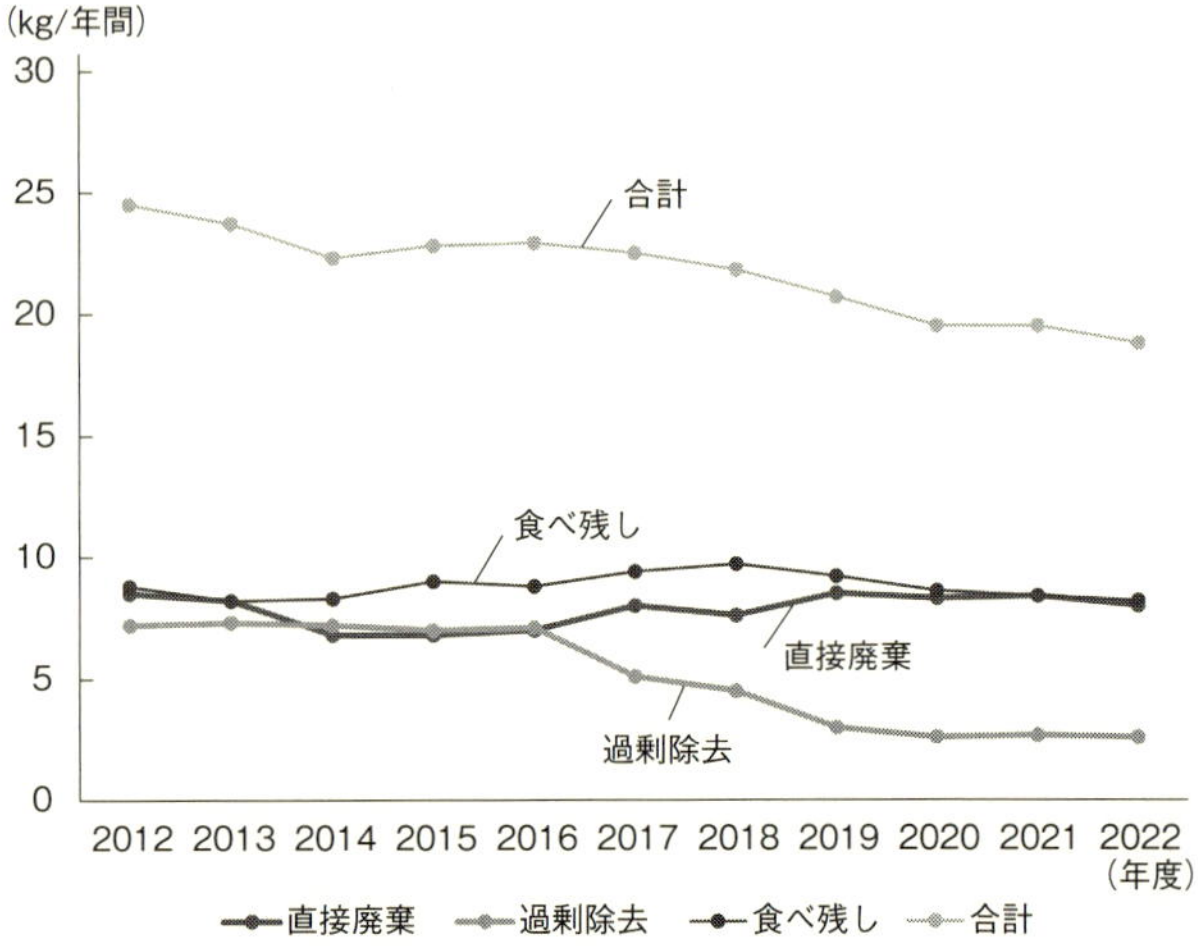

図1-4　1人あたりの家庭系食品ロス量の推移（出典：環境省・総務省統計局のデータをもとに作成）

と記録的な円安のため食品価格が高騰した。帝国データバンクは相次ぐ食品の値上げによる家計負担は1世帯あたり年間6万8760円と試算している。

それでも値上げに応じてもらえない、消費者離れを恐れて価格転嫁に踏み込めない生産者や事業者も多く、苦肉の策としてコスト削減に取り組んだ結果が、事業系食品ロスの激減につながったのではないか。

家庭系食品ロスの減少は、コロナ初期にスーパーの食品棚が空になる経験や感染リスク軽減のため買い物回数を減らす必要から、対症療法的に起こったと考えられる。つまり、野菜や果物などの皮を厚くむきすぎるなど、本来なら食べられる部分まで捨ててしまう「過剰除去」を減らして手元にある食材を使い切る、また家庭での食事回数が増えたため「食べ残し」を次の食事で利用する、といった行動変容が起こったためと考えられる（図1-4）。

未開封の食品を食べずに捨ててしまう「直接廃棄」については、コロナ下に消費者が食品の鮮度や期限に敏感になり、まとめ買いをして期限内に食べ切れなかったものが食品ロスになったと考えられる。食品価格の高騰で消費者意識に変化があったのか、2022年には「直接廃棄」にも減少が見られた（図1-4）。

コロナ下の外出自粛の動きは、買い物の回数を減らすために冷蔵庫や食品貯蔵庫にある在庫を使うこと、期限の切れた食品も食べることを促す効果もあったようだ。

英国の環境保全団体であるハバブ財団が2020年4月はじめにおこなった調査では、英国の消費者の90%で買い物の仕方や料理の習慣が大きく変わったことがわかった。食材の調達という「当たり前」が制限されることで、57%は以前より食品を大切にするようになり、43%は以前より食事を楽しんでいるという結果が出ている。同調査では、48%は食品ロスが減り、逆に増えたのは6%だけだった。

こうした動きからは、より慎重に食事の計画を立てること、残り物を上手に使い切る、冷凍庫を活用してさまざまな食品を冷凍保存するなど、食品ロス削減のために本来あるべき「かしこい消費行動」を実践するきっかけになったのではないかと、前向きにとらえることもできる。

また、日本では余剰食品の減少でフードバンクへの食料提供が減っているという。第3章で詳しくみていくが、貧困問題についてはNPOや民間企業まかせではなく、寄付しやすい環境づくりや社会保障制度の見直しなど国の施策が欠かせない。

†「新しい生活様式」のいま

コロナ禍を抜け、オンライン授業やリモートワークのない日常が少しずつ戻ってくると、「おうち時間」も「おうちごはん」も聞かなくなった。コロナ後、飲食店のテイクアウトやデリバリーが、店内での食べ残しの持ち帰りにつながったとは言いがたい。食品スーパーのレジ前には、足型シールが「ソーシャル・ディスタンシング」の名残りとして残っているが、リスト片手に買い物をする人の姿はあまり見かけなくなった。

そうしてみると「新しい生活様式」とは一過性のものだったのかもしれない。コロナ下に見られた食品ロスを減らす行動変容や、「産地と食卓はつながっている」という意識が、「新しい生活様式」のレガシー（遺産）として定着することを願ってやまない。

3　世界一パニック買いをした国

†世界でもっとも食料安全保障の高い国

第1節では「令和の米騒動」で起こった日本のパニック買いを紹介した。「パニック買い」とは、メディアやSNSなどからの情報にあおられて、ある商品をあわてて買いに走ってしまう集団心理のことだ。時計を少し巻き戻すが、コロナ禍つまりパンデミックに直面していた2020年3月、パニック買いは世界中で発生していた。

本節ではコロナ下でのオーストラリアの事例を取り上げる。はじめに押さえておきたいのは、オーストラリアが世界でもっとも食料安全保障の高い国のひとつであるということだ。オーストラリアが国内消費量以上の農作物を生産し、その7割以上を輸出にまわす、きわめて食料自給率の高い農業国であることは知られている。国連食糧農業機関（FAO）による「栄養の不足していない国」で1位、食料の手頃さ・入手可能性・安全性・品質などを評価した「世界食料安全保障指数」の「食料の入手しやすさ」でも7位と評価されている。

またオーストラリアは、新型コロナウイルス感染症対策として、厳格な入国制限、世界に類を見ないほど長い期間のロックダウンを課した国としても知られている。早めに手を打った新型コロナウイルス感染症対策が奏功して、オーストラリアは、コロナ初期に台湾、韓国、ニュージーランドと並んで新型コロナの感染抑制に成功した国として称賛された。

†世界一のパニック買いとはどんなものか

コロナ禍はオーストラリアの人たちにとってかなりの衝撃だったようだ。

ニューサウスウェールズ大学の研究者が、2020年1月から4月下旬までの世界54カ国のグーグル検索データを利用して、コロナウイルス感染症の発生に対応したパニック買いの範囲と強度を調査したところ、オーストラリアの消費者は、トイレットペーパーや食品を求めてスーパーに殺到したのが世界でもっとも早かったという。

世界でいちばんパニック買いをしたのが、世界でもっとも食料安全保障が高い国のひとつであるオーストラリアだったというのは皮肉なものだ。

オーストラリアでは、国内で新型コロナの感染拡大がはじまっていなかった2020年3月初旬には、すでにパニック買いがエスカレートしていて、スーパーの食品棚から小麦粉・米・パスタなどが消えていた。オーストラリアの統計局によると、前月比で3月の食品の売上は24・1％の増加となった。小麦粉・米・パスタの売上は2倍以上となった。

同年3月18日にスコット・モリソン首相（当時）は、「買いだめはやめましょう。それは賢明な行動ではなく、助けにもなりません。そしてこの危機に対するオーストラリア人の行動の中でわたしがもっとも失望したことのひとつです」と自国民に訴えかけている。また、パニック買いや買いだめをすることは「オーストラリア人らしくない」と強い調子で非難している。

オーストラリア当局も、食料品の買い占めと過剰な備蓄をしている消費者に向けて、「自宅の冷蔵庫や食品棚をもっと思慮深く確認すること。すでに持っている食材を使い切れるように、インターネットのレシピを参考にすること」と食品ロス防止の呼びかけをおこなっている。

オーストラリア政府が、新規感染者の減った2020年5月から6月にかけて感染対策の規制緩和をしたところ、コロナの第2波が発生してしまう。

コロナ禍による食品生産量の減少と第2波によるパニック買いが品不足に拍車をかけ、8月に入ってもスーパーの食品棚は空きが多く、オーストラリアでは3人に1人が必要なものを見つけるのに苦労する状態だったという。大手スーパーのウールワースやコールズでは購入制限を復活させている。

†パニック買いの動機とはなにか？

オペラハウスで有名なシドニーがある、オーストラリア東部のニューサウスウェールズ州で、2020年5月15日から18日にかけて415世帯を対象におこなわれた消費者意識調査からは、オーストラリアの消費者の39％がいつもより余分に食品を購入していることがわかった。その動機について、45％は次に来るときには手に入らないかもしれないと考えて多めに買っていると回答している。

執筆者のすべてが大学教授などのアカデミック関係者だというオーストラリアのニュースメディア「カンバセーション」は、オーストラリアで起こったパニック買いについて、600人以上のオーストラリア人を対象に、2020年4月と6月に2度調査をおこなっている。

調査回答者の17％は4月にパニック買いをしたことを認めている。さらに6％は6月に入ってもなお買いだめをつづけていた。6％は買いだめをしていなかったが、他の人に買い占められて食品が入手できなくなることを不安に感じていた。同国の4月の食品需要は、消費者が3月に買いだめをしたため、マイナス17・7％と激減していたにもかかわらずだ。

また、パニック買いをする人は、協調性が低く、神経質で、新型コロナウイルス感染症に強い不安を抱いている可能性が高いこともわかった。

こうした人たちがスーパーの在庫がなくなって入手できなくなる不安から、「買いだめをすることで、自分の生活のある部分をコントロールできているという安心感を得ようと備蓄に走っているのではないか」と、執筆した研究者たちは推測している。

4　コロナの時代の食品ロス

2020年1月21日に米国ではじめての新型コロナウイルスの感染者が確認され、メディアからパンデミック（世界的大流行）の懸念について聞かれたとき、トランプ大統領（一期目）は「われわれは完全に制御できている」と答えている。

同年2月に中国やヨーロッパで感染拡大がつづいていても、トランプ大統領は「4月になって暖かくなれば（ウイルスは）死ぬだろう」「インフルエンザのようなものだ」「ある日、奇跡のように消えるだろう」と新型コロナウイルスを軽視するような発言を繰り返した。

2020年3月11日、世界保健機関（WHO）が、新型コロナウイルスはパンデミックに入ったと認めると、トランプ大統領は3月13日、米国に国家非常事態宣言を出した。3

月16日には、学校の休校、10人以上の集会の自粛、不要不急の外出やレストランでの飲食の自粛、エッセンシャル・ワーカー（社会的基盤上必要不可欠とされる職業）以外の在宅勤務を指示した。

ところが米国の感染者数は減るどころか、その後の一週間で10倍以上にふくれあがり、感染拡大に歯止めがかからなくなってしまう。トランプ大統領は急に態度を変え、「ずっと前からこれは本物だと、これはパンデミックだとわかっていた」と主張しはじめ、感染を食い止めることができなかった中国やWHOに批判の矛先を向けるようになる。

3月22日夜にニューヨーク州がロックダウンに入ると、翌日には株価が急落し、米国経済の先行きを懸念する声が広がった。するとトランプ大統領は、すぐにビジネスを再開すると表明し、国民のいのちや健康よりも経済重視に舵を切る。

そしてトランプ大統領が「暖かくなれば（ウイルスは）死ぬだろう」と主張していた同年4月になると、新型コロナウイルス感染者数が1日に3万人を超えるようになり、感染者数はひと月で80万人以上増加し、米国は一気に世界の感染の中心地となっていく。

†パニック買いのはじまり

米国のパニック買いのきっかけとなったのは、2020年3月16日の不要不急の外出自粛指示を受け、米国疾病予防管理センター（ＣＤＣ）が米国民に対して2週間分の食料やその他の必需品を確保するよう推奨したことにあるのではないかといわれている。驚いた米国民がまとめ買いに走り、パニック買いが発生した。

パニック買いにより、3月21日までに米国の小売の売上は対前年同期比で１００％増になった。たとえば、ツナ缶は２００％以上、豆類は４００％近く売上が増加した。一部のスーパーでは精肉の購入制限がはじまった。

ミシガン大学の教員でサステイナビリティ（持続可能性）の専門家シェリー・ミラー氏は、「食品は一時的に不足しているだけ。トラックによるスーパーへの配送などの物流がボトルネックになっている。パニック買いがつづく間、供給は間に合わないが、（生産や物流が止まっているわけではないので）しばらくすれば追いつくようになる」と、パニック買いに走る消費者に対して自制をうながしている。

†食料を求めてフードバンクに殺到する車列

米国では２０２０年3月後半に、ロックダウンで１０００万人近い人が職を失い、学校が休校となり、子どもたちの食事を学校給食に頼っていた親は、平日にフードバンクに殺到した。

食料を求めてフードバンクに殺到する車列（2020年4月17日、米国テキサス州、写真：ロイター／アフロ）

テキサス州のサンアントニオ・フードバンクには、食料を求めて殺到する長い車の列ができた。フードバンクの行列に並ぶ女性が、米公共ラジオ放送NPRのインタビューに「わたしはいままでフードバンクに寄付をする側でした。こんなふうにフードバンクに食料をもらうために並ぶことになるなんて思ってもみませんでした」と涙ながらに語っていたのがとても印象的だった。

米国の食料援助団体のネットワークである「フィーディング・アメリカ」によると、地域によって異なるが、全体としてフードバンクなどの需要は92％増加し、逆に3分の2のフードバンクでは食料品の寄付の減少を経験しているという。

また、コロナに感染すると重症化する恐れのある高齢者のボランティアに頼るフードバンクも多く、食料支援を求める需要が増えても、人員不足のため活動を制限するなど、現場に混乱が生じた。

†世界一豊かなはずの米国で起こった食料不安

米国は世界でもっとも豊かな国である。国の経済力を示す国内総生産（GDP）で1位。食料の手頃さ・入手可能性・安全性・品質などを評価した「世界食料安全保障指数」（2019年）で総合3位である。

ところが、その世界一豊かなはずの米国で、この21世紀に食料不安が広がっている。ブルッキングス研究所が2020年4月におこなった調査によると、12歳以下の子どもを持つ母親の17・4%が「コロナ禍に入ってから食料を買う余裕がなく、子どもに十分に食べさせられていない」と回答している。この数値はコロナ前の2018年には3・4%だったので、コロナ禍で食料不安が一気に5倍も悪化したことになる。

食料を求めてフードバンクの行列に並んだある女性は、メディアのインタビューに「夫が（勤め先から）解雇されて3カ月になります。失業給付金がカットされて苦労しています。教会やフードバンクの配給がなかったら子どもたちは飢えていたでしょう」と語っている。

2020年12月10日付「ワシントン・ポスト」によると、コロナ禍のはじまった2020年春から食料品店での万引きが増加傾向にあり、万引きされるのは主にパン、パスタ、粉ミルクなどだという。粉ミルクというのがせつない。食べるのに困り、追いつめられた人びとの姿がそこに見えるようだ。

米国労働省によると、同国で最初のロックダウンのあった2020年3月中旬から5月初旬にかけての失業申請件数は累計で約3330万件。コロナ前（2019年）の米国の労働人口は1億6353万人だったので、米国の労働者のほぼ5人に1人が、コロナ禍のわずか2カ月間に失業したことになる。

米国労働省の統計を見ると、完全失業率が3月から5月にかけて急激に上昇しているのがわかる。2008年9月のリーマンショックでも米国の完全失業率は悪化したが、それでも10％程度だった。今回のコロナ禍の完全失業率は15％と、リーマンショックを超えている。コロナ禍が米国にとっていかに衝撃的だったのかを物語っている。

†販路を失い廃棄される農産物

一方、ロックダウンでレストランやホテル、学校が閉鎖されると、一部の農家は農作物の買い手を失い、売ることのできなくなった余剰農産物を廃棄するしかない状況に追い込まれた。

2020年4月11日付「ニューヨーク・タイムズ」は、米国の農家の惨状を「ウィスコンシン州とオハイオ州では酪農家が何千ガロンもの新鮮な生乳を排水溝に流している。アイダホの農家は収穫したばかりの玉ねぎを埋めるために農場に溝を掘っている。フロリダでは、トラクターが豆とキャベツの畑を縦横に走り、野菜を土にすき込んでいる」と報告している。

米国青果物販売協会（PMA）は、コロナ禍の初期に50億ドル（約5453億円）相当の果物と野菜が廃棄されたと推計している。

レストランやホテルの閉鎖で農家が外食産業向けの販路を失ったとしても、パニック買いで需要の高まっている小売向けに売ればいいのではないか——。

その問いに対して、ニューヨーク大学のマリオン・ネスル名誉教授は、公共ラジオ放送NPRのインタビューでこう答えている。

「（このコロナ禍で）もっとも衝撃的だったのは、米国にはまったく異なるふたつの食品サプライチェーンがあると知ったことです。ひとつはレストランや学校向けで、もうひとつは小売向けです。そして、このふたつにはまったく互換性がないのです」

わたしたちは外食産業のサプライチェーンの川上にいた農家がロックダウンで販路を失

ったとしても、小売向けのサプライチェーンに切り替えればいいと思いがちだ。

しかし農家は、それまでばらのままケース売りしていた野菜や果物を、スーパーに並べてもらうにはパック詰めしなくてはならない。しかもコロナ下の入国制限のため、農産物の収穫時期になっても、例年のように海外からの季節労働者を雇うことができないのだ。

また農家が、販路を失った農作物をフードバンクに寄付しようにも、フードバンクに輸送するコストが農家にさらなる経済的負担を強いることになる。

コロナ禍は米国に、食料を買う余裕のない生活困窮者の急増と、余剰農産物が食品ロスになるという、まったく異なるふたつの問題を引き起こした。

失業した1000万人もの米国人が食料を求めてフードバンクに殺到する一方で、酪農家は生乳を排水溝に流し、農家は収穫できる野菜を畑に埋めているのだ。

†余剰農産物と生活困窮者をつなぐ

米国農務省は、販路を失った野菜・果物・牛乳・肉などを購入してフードバンクにまわすために、流通業者に毎月3億ドル（約327億円）の補助金を出すことにした。

ニューヨーク州は、州内で余剰になっている牛乳からつくられた乳製品や余剰農産物を生活困窮者にまわすために、フードバンクに購入資金として2500万ドル（約27億円）

の補助金を出すことを発表している。

2020年5月22日に米国食品医薬品局（FDA）は、コロナ禍によるサプライチェーンの混乱が食品の供給に与える影響を最小限に抑えるため、食品表示要件に柔軟性を持たせるためのガイダンス「新型コロナによる公衆衛生上の緊急事態における特定の食品表示要件に関する一時的な方針」を食品製造業者に向けて出した。

たとえばある食品に、ラベルの食品成分表示には記載されているものの、コロナの影響でどうしても入手できない一部の材料が入っていなかったとしても、成分表示を変更する必要はない。また欠品しているキャノーラ油の代わりにヒマワリ油を代用しても成分表示の変更は必要ないなど、柔軟性を持たせるものだ。

コロナ禍によるサプライチェーンの混乱で、本来10種類必要な原料のうち1種類が入手できないせいである食品を製造できず、残りの9種類の原料を廃棄するのはもったいない。とはいえ、食品ラベルの修正は手間と時間がかかるため、食品製造業者としては、できればおこないたくない作業だ。

そこで米国では、食品ロスの発生と食品供給が止まることを避けるためにガイダンスを出し、食品包装や食品ラベルを訂正しなくてもそのまま販売できるようにした。これは、コロナ禍のような非常事態にあって食品ロスを防ぐのに極めて重要で効果的な政策だったといえる。

同じくコロナ下に食品ロスの発生を避け、必要とする人に有効活用してもらうためのすぐれた政策として記録しておきたいのが、余剰食品を再分配させるために英国が出した「食品期限表示ガイドライン」と、政府の資金でフードバンクの中継基地を開設したニュージーランドの例である。

†余剰食品を再分配するための「食品期限表示ガイドライン」(英国)

食品サプライチェーンの混乱で生じた余剰食品を廃棄させるのではなく、必要とする人に再分配させるため、英国の非営利団体WRAP(ラップ)は、食品企業、フードバンクや慈善団体向けに「食品期限表示ガイドライン」を出した。これは以前に、英国食品基準庁(FSA)や環境・食糧・農村地域省(Defra)など英国政府機関と共に制定したガイドラインの内容を改訂し、食品ごとに賞味期限が過ぎていても、どのくらいまでなら再分配できるというおおよその期間を示したものだ。

食品メーカーが推奨したように保管され、目視して問題なければ、賞味期限の過ぎた食品であっても、パンなら1週間、冷凍食品なら3〜6カ月、シリアルなら6カ月、パスタ(乾麺)なら3年、缶詰なら3年くらいは安全に食べることができると目安を示した。

賞味期限がせまっている食品や賞味期限の過ぎている食品は、通常であればフードバンクに受け取りを拒否されてしまう。しかし、品質上問題がなければ、必要とする生活困窮者に再分配できるようにしたのだ。考えてみれば、「賞味期限」なんてただの「おいしさのめやす」である（第2章第3節）。日持ちしない食品につけられている安全の指標である「消費期限」は守るべきだが、「賞味期限」が多少過ぎていても、その食品が食べられなくなるわけではない。ロックダウンやパニック買いで食品が入手しにくいコロナ禍のような非常事態には、余剰食品を無駄にせず、必要とする人に行き渡るように、しっかり活用しようという働きかけだ。シンプルだが、深い洞察にもとづいた合理的な施策だったといえる。

†政府の資金でフードバンクの中継基地を開設（ニュージーランド）

ニュージーランドでは、コロナ下に急増したフードバンクなど食料支援団体への需要とロックダウンで販路を失った余剰食品をつなぐために、政府の資金提供を受けて、2020年7月、北島のオークランドに「ニュージーランド・フード・ネットワーク（NZFN）」が設立された。

余剰食品をフードバンクにまわせば簡単に解決しそうなものだが、フードバンクなどの食料支援団体には大きな倉庫や保冷庫がないことが多い。コンテナごと、あるいはパレット積みで大量に届く単一食品を丸ごと受け入れられるような食料支援団体は限られている。そのため、せっかく食品寄付の申し入れがあっても断らざるを得ないことがある。

そうしたギャップを埋めるために、冷凍・冷蔵倉庫を完備し、しかもその食品を効率的に再分配する中継基地としてNZFNが開設された。

食品を提供する側の食品メーカー・生産者・卸売業者にしてみれば、食品ロスになってしまう余剰食品に廃棄コストをかけることなく生活困窮者支援に活用してもらえ、しかも二酸化炭素排出量の削減にもつながるなど、企業イメージにとってプラスになることばかりだ。そのうえ、余剰食品をパレット積みのコンテナごと持ち込んでも、嫌がられることなく受け取ってもらえる。

食品を受け取る食料支援団体側にも利点が多い。NZFNへの依頼の仕方も工夫されており、ちょうどオンライン・ショッピングのように、コンピュータの画面に表示されるリンゴ、トマト、シリアル、パスタ、米、冷凍肉などから必要な食品にチェックを入れておけば、必要な量だけ玄関先まで届けてもらえる。それも配送料なしに、である。

まさに、かゆいところに手が届くようなすばらしい仕組みである。しかも、政府への申請から資金提供までが異例の速さだったという。NZFNは、設立からわずか数カ月で食料支援団体に520トンもの食料を配布するようになり、コロナ下に、南島のクライストチャーチに第2拠点を開設した。

2024年11月現在もオークランドとクライストチャーチのふたつの中継基地から、国内に展開しているフードレスキュー、フードバンク、社会福祉サービスなど63の食料支援団体を通して、毎月65万人以上の生活困窮者におよそ600トン（170万食相当）の食料を提供している。

†エッセンシャル・ワーカーの受難

さて話をコロナ下の米国に戻そう。新型コロナの集団感染の発生源となった食肉処理場（以下、処理場）は、2020年4月だけで20カ所以上が操業停止となった。

米国最大級の処理場のいくつかが閉鎖されると、畜産農家は出荷時期がきている家畜の販路を失った。飼育スペースに空きがないため一部の家畜は殺処分され廃棄された。

米国の精肉供給が25%減少したため、サプライチェーンに大きな影響が出た。米国の大手スーパーのクローガーやコストコは店頭で豚肉や牛肉など精肉の購入制限をおこない、ハンバーガー・チェーンのウェンディーズの5分の1の店舗では牛肉パテのハンバーガーを販売できなくなった。

精肉の売上を落としたくないタイソンなどの処理場を抱える巨大な食品多国籍企業は操業再開をホワイトハウスに働きかけた。

2020年4月28日、トランプ大統領（一期目）は「国防生産法」を発動し、どれほど感染者が出ても処理場が操業できるようにすることで応えた。処理場の従業員——多くは貧しい移民労働者——は突然「エッセンシャル・ワーカー」と呼ばれるようになり、コロナ禍の真っ只中でも働かざるを得なくなった。

その結果、何が起きたのか。空っぽになった米国のスーパーの食品棚を埋めるはずの精肉は中国に輸出され、食品多国籍企業が大もうけをすることになった。

ジャーナリストのエリック・シュローサー氏は、2024年6月の米公共ラジオ放送NPRで当時の様子をこう語っている。

「ひとつの産業が貧しい移民労働者を犠牲にして操業をつづけられたのは驚きでした。テレビでは何千何万の豚が殺処分されて溝に捨てられている映像も流れていた。食料システムがいかに脆弱になっていたのかが、コロナ禍で明るみに出たのです」

米国では食品多国籍企業4社が食肉市場の85％を占める寡占状態にある。シュローサー氏は企業の寡占がいかに危ういか、2022年の乳児用粉ミルク事件を例に、過度に集中した食料システムの行く末に警鐘を鳴らしている。

†巨大食品企業の寡占がもたらすもの

米国では、乳児用粉ミルク業界もわずか4社が市場の87％を支配する寡占状態にある。その1社がアボット社だ。2021年9月から2022年1月にかけて、同社のミシガン州スタージス工場で製造された粉ミルクを飲んだ乳幼児が、致死率10〜80％といわれるクロノバクター感染症にかかり、2人の乳児が亡くなった。

米食品医薬品局（FDA）は2022年2月17日、アボット社製粉ミルク3種の使用禁止を発表した。アボット社は商品を回収し、工場を閉鎖した。そのため米国のスーパーから乳児用粉ミルクが消えた。同社が市場シェアの48％を占めていたからだ。

コロナ下の供給網の混乱ですでに粉ミルクが不足していたうえ、報道でパニック買いが起きたことも在庫不足に拍車をかけた。5月には粉ミルクの欠品率が43％に達し、親たちは粉ミルクを探しまわるはめになった。

ニューヨーク大学のマリオン・ネスル名誉教授は、前述のラジオ番組で次のように語っている。

「食品は政治的だ。トランプ大統領が国防生産法を発動したことで、処理場の従業員は突然エッセンシャル・ワーカー（必要不可欠な労働者）と呼ばれるようになり、コロナ禍の真っ只中でも働かざるを得なくなった。

ところが、彼らは給料が安く、病気休暇や福利厚生もないことが多い。世界最大の食肉加工業者であるJBSの処理場は、米国とブラジルで集団感染の発生源となり、従業員の6万人近くが感染した。世界でもっとも重要な問題は、すべて何らかの形で食品に関係している。コロナ禍はその完璧な例だ」

米国の大統領選挙がせまった2020年9月末、米国農務省は、ロックダウンで販路を失った余剰農産物を生活困窮者に無償で提供する箱に、この食料支援は自身の功績であると主張するトランプ大統領の手紙を入れることを唐突に義務づけた。

「唐突」と書いたのは、この支援が5月からおこなわれていたからだ。「食品は政治的だ」というマリオン・ネスル名誉教授の言葉通りである。

†米国の「新しい生活様式」

2020年4月18日付「ニューヨーク・タイムズ」は、コロナ禍のさなかに米国の人たちがこの50年に見られなかったような規模で健康的な料理をしていると報じている。

米国人の54%はコロナ前よりも料理をしており、75%は料理に自信を持つようになり、51%はコロナ後も料理をつづけるという。ある人は「おうち時間」の新しい趣味として自分でパンを焼くようになった。それを裏づけるように、大手スーパーのクローガーではパンの材料の売上を6倍に伸ばしている。感染リスクを減らすためにスーパーに行く回数を減らしている消費者に、日持ちするオレンジや、調理が簡単で賞味期限が長くて備蓄しやすい冷凍食品がよろこばれている。

コロナ前に12億ドルだったネットスーパーの売上は、コロナ禍がはじまって3カ月後の2020年6月には72億ドルと6倍に急成長した。デリバリーサービスを利用する人も増えている。地元コミュニティへの感謝の気持ちから、地元で生産された新鮮な食品を求める動きが広がった。コロナ前には行くことのなかった近所の商店が見直されるようになった。

前にも登場したマリオン・ネスル氏は、コロナ禍における米国の食について次のように語っている。

「（コロナ下の米国で）一人ひとりに起きていることはかなり複雑なことです。加工食品は賞味期限が長く、価格も安いので売り上げが伸びています。でも、同時に人びとは、より多くの野菜の種を購入しているのです。彼らは自分の食べるものを自分で栽培することにしたのです。ニューヨーク州北部ではもうガラスジャーは手に入りません。なぜなら、彼らが自分で育てた野菜を（ピクルスのような）瓶詰めにするのに買ったからです。これはいい兆候ですね。人びとはいつも以上に料理に精を出しています。これは本当の意味での一歩であり、この先もつづくことを願っています」

†コロナ禍は「食」を見直すきっかけとなった

2020年8月に開催されたウェビナーで、米国で食品ロス削減に取り組む非営利団体ReFED（リフェッド）のダナ・ガンダース氏（現ReFED代表）は、コロナ下に米国の食品ロスは新たな均衡に達したと考えられると語っている。

「コロナ禍によって起こった変化の中には、長い目で見れば、食品ロスを減らすことにつながるような、本当に有望な変化があると思います」

図 1-5　米国の食品ロス量の推移（ReFED のデータをもとに作成）

たとえば、ホテルなら、食品ロスの原因になるセルフサービスのビュッフェの提供方法を見直す、レストランやカフェのような飲食店なら、いつロックダウンが再開されるかわからず来客数の予測もむずかしいため、メニューの絞り込みや、ポーションサイズの見直しをおこなうなどの変化だ。こうした変化が、長い目で見た場合、米国の食品ロスを減らすことにつながるかもしれない、と。

米国環境保護庁の推計値によると、米国の食品ロスの総量は、2016年は3973万トン、2017年は4067万トン、2018年は6313万トンと増加の一途をたどっている（注：米国では、農務省と環境保護庁が食品ロスの推計値を公表しているが、その推計値は異なっており統一されていない）。

しかし、ReFEDが独自に食品ロスの推計をおこなったところ、米国の食品ロスは、よく言われるように年々増加しているわけではなく、2017年から2019年にかけてほぼ横ばいになっていることがわかった（図1－5）。また過去3年間で一人あたりの食品ロスが2％減少していることもわかった。

「食品ロスの増加の峠は越えたと考えたい」とガンダース氏は語っている。

コロナ禍は、わたしたちに食を見直すいい機会を与えてくれた。コロナ禍初期のパニック買いは食品ロスの増加につながったかもしれないが、消費者が買い物前に食事を計画したり買い物リストをつくったり、食品の保管の仕方が上達したり、手元にある食材だけで料理をしたり、食べ残しを翌日以降に再利用したりと、食品ロスを減らすのに役立つコツを上達させる、いいきっかけにもなった。

食品ロスを抜本的に削減するためには、コロナ下の「新しい行動様式」として多くの人がおこなった「かしこい消費生活」のような大きな社会的変化が必要だ。「コロナ禍」は過去のものになり、経済活動や社会生活はすでにノーマルなものに戻っているが、コロナ禍を通じてせっかくみんなが身につけた「かしこい消費生活」まで忘れてしまうのはもったいないと思う。

第2章 日本の食の「捨てる」システム

1 大量売れ残りと廃棄を前提としたビジネス

本章では日本における食品ロスの現状をみていきたい。まず、大量廃棄の問題が近年話題になっている恵方巻をめぐる状況をみていこう。

†恵方巻販売に力を入れるのはなぜ

節分に恵方巻が売り出されることはすっかり全国的な風景となった。2023年の恵方巻は「伊勢えび1匹」や「神戸牛のローストビーフ」を具にした1万円を超える贅沢《ぜいたく》なものから、食品価格の高騰がつづく中でも比較的値上げが抑えられている肉を使った「ロースカツ巻」まで、さまざまなものが売り場に並んだ。

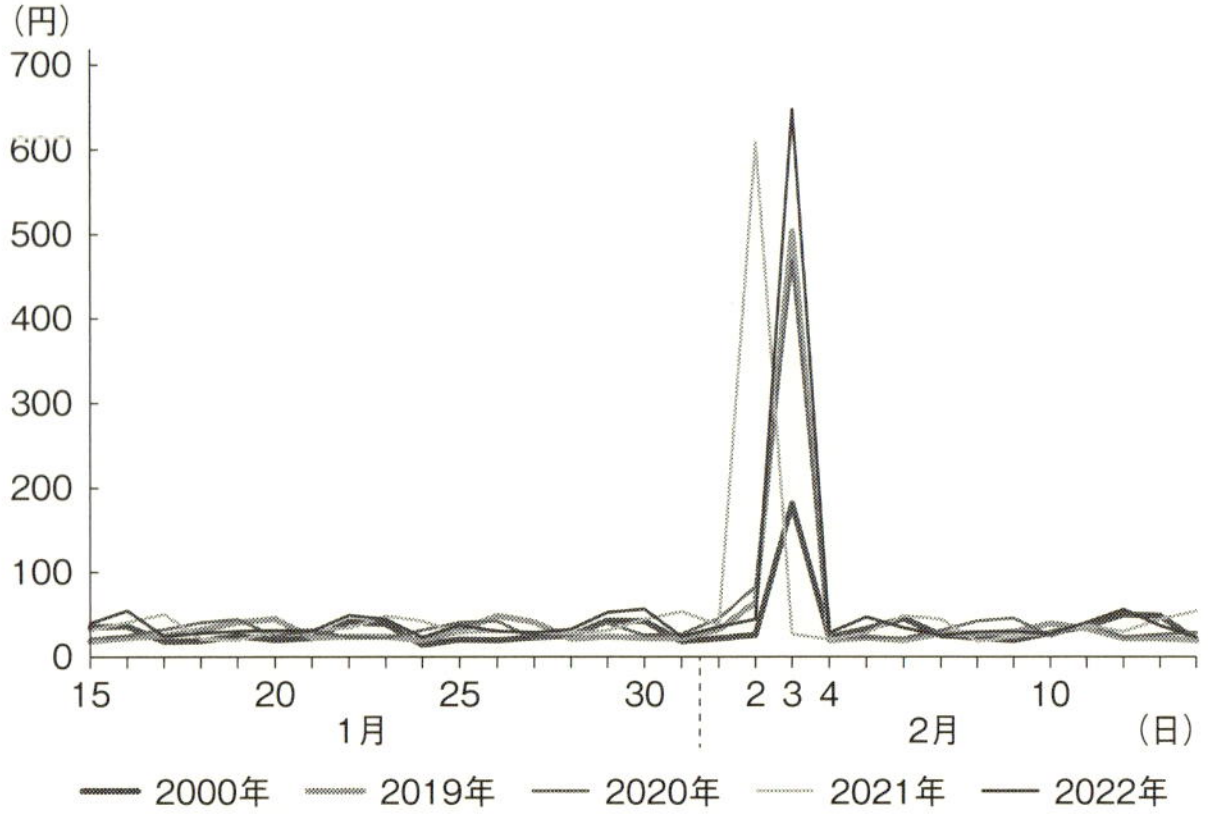

図2-1　すし（弁当）の日別支出金額（総務省統計局のデータをもとに作成）

同年はコンビニで働く大学生バイトらの労働組合「SDGsユニオン」が大手コンビニ3社に対し、恵方巻の廃棄量の調査・開示や、過剰な販売競争の実態に関する調査・公表などを求める要求書を提出したことと、農林水産省の野村哲郎大臣（当時）が節分当日の会見で、恵方巻の食品ロス量について「どのくらいの廃棄になったのか把握してみたい」と語ったことが注目を集めた。

節分といえば豆まき。だが、いまどき節分の夜に窓を開けても「鬼は〜外、福は〜内」なんて声は聞こえてこない。豆まきに代わって節分の風物詩となった「恵方巻」の起源については、大阪の商家で商売繁盛を願っておこなわれたなど諸説あるが、全国的な普及のきっかけとなったのは、1989年に大手コ

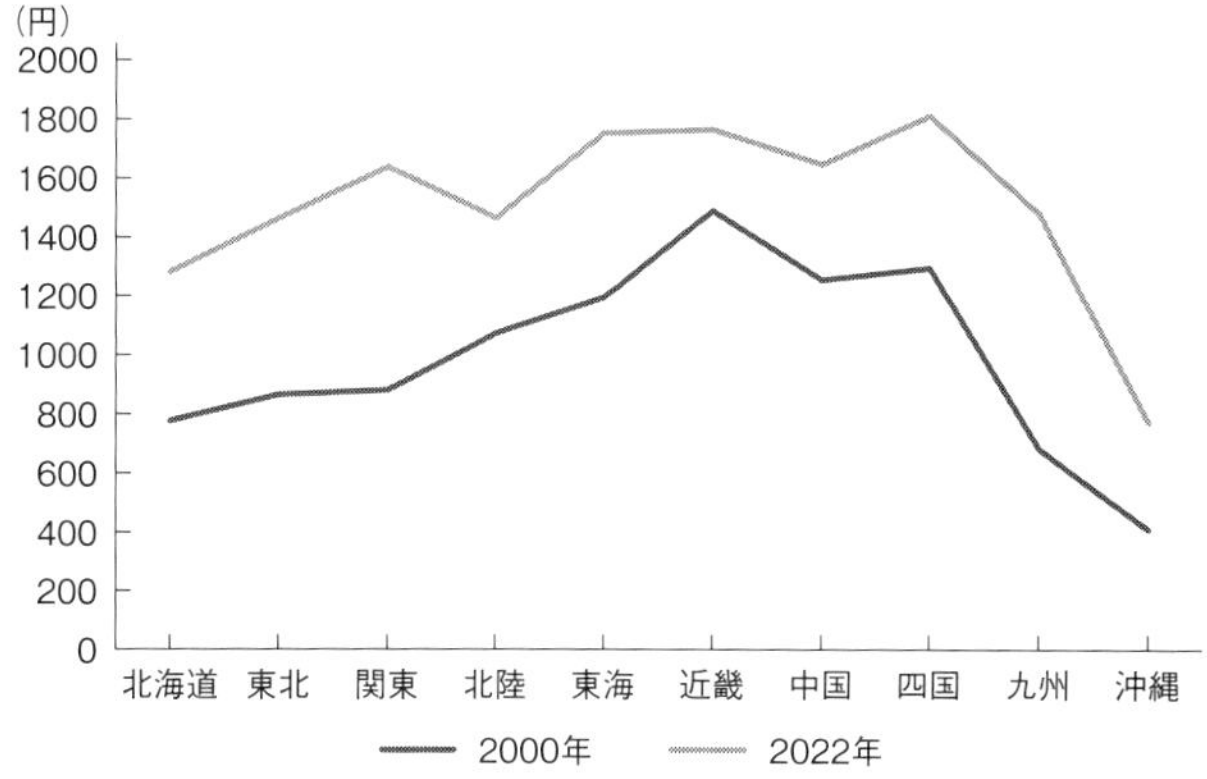

図2-2　すし（弁当）への1世帯あたりの地方別支出金額（総務省統計局のデータをもとに作成）

ンビニが「恵方巻」という商品名で販売したことにあるという。

総務省統計局のデータをもとに、2019年から2022年にかけての節分前後の「すし（弁当）」への1世帯あたりの日別の支出金額（図2-1）をみると、節分だけ支出金額が突出している。「すし（弁当）」には、巻き寿司のほか、握り寿司、いなり寿司などが含まれるが、明らかに恵方巻の影響を受けていることがわかる。確認できるもっとも古い2000年のデータと比べ、節分の支出金額が3倍以上に伸びている。

また、図2-1で2021年だけ支出金額のピークがずれているのは、節分が2月2日だったためだ。

2000年と2022年の2月の「すし

（弁当）」への支出金額を地域別に比べてみると、近畿地方の風習だった恵方巻が全国に広がっていった様子がうかがえる（図2－2）。支出金額の伸びは関東と九州で特に大きい。こうしてみると全国の食品小売企業が、なぜこれほど恵方巻の販売に力を入れるのかが理解できる。恵方巻はまだ伸びしろのある有望な商材なのだ。

総合保険メディア「ほけんROOM」が2020年1月に恵方巻に関する興味深い調査をおこなっている。調査に参加した1031名は、「去年、恵方巻を食べたか」という質問に、食べた（71・5％）、食べていない（26・9％）、忘れた（1・6％）と回答している。参加者の居住地域は不明だが、7割以上が恵方巻を食べたと答えていることに驚かされる。「去年、恵方巻をどこで入手したか」という問いには、スーパー（57・9％）、家でつくった（16・7％）、コンビニ（9・8％）という順番だった。「今年の恵方巻」については、当日に買う（49・4％）、予約する（10・6％）、自分でつくる（14％）、買わない（19％）、食べない（4％）という結果だった。

消費期限内の恵方巻を「何割引であれば購入するか」という問いには、5割引（35％）、6割引以上（21％）と半数以上が半額以下であれば購入を考えると回答している。

†恵方巻の食品ロス

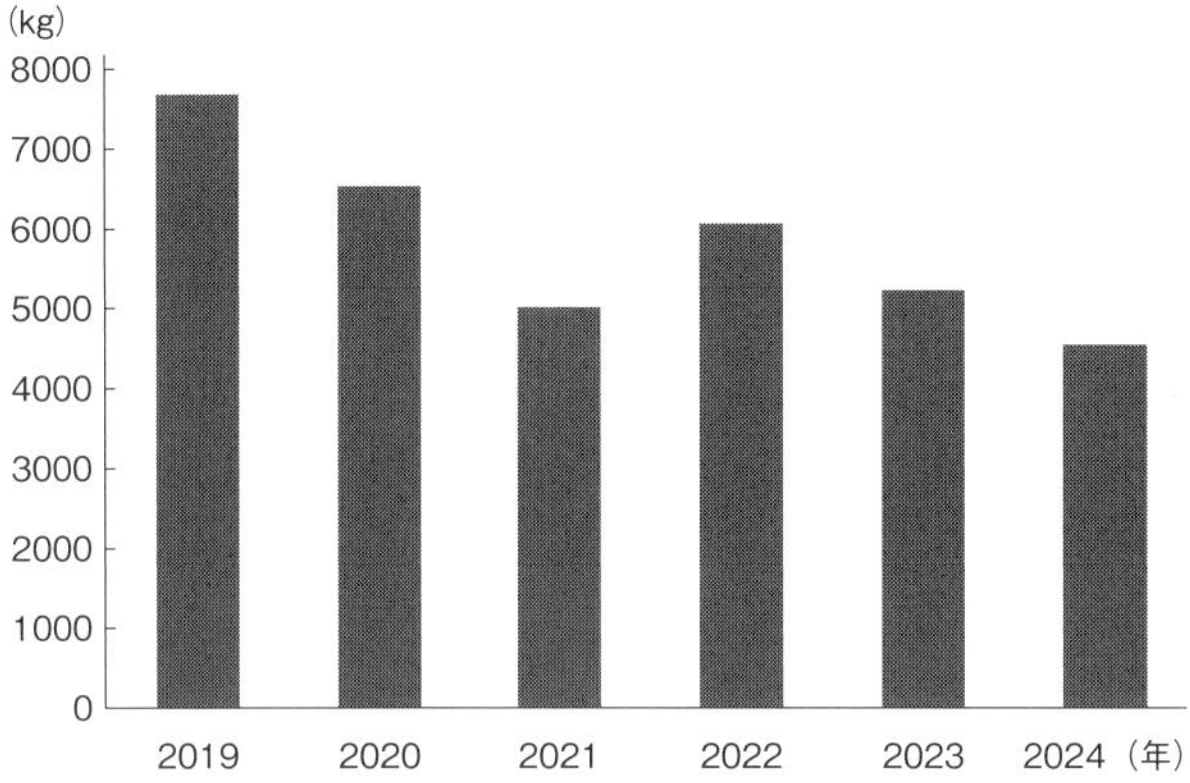

図２-３　恵方巻の売れ残り搬入量の推移（日本フードエコロジーセンターのデータをもとに作成）

農林水産省は、２０２３年も食品小売業界に対し、「需要に見合った販売」「予約販売」などの食品ロス削減の取り組みを呼びかけ、90の事業者が名乗りをあげたという。では、実際はどうだったのか。

まず、首都圏で食品事業者から余剰食品を受け入れて豚の飼料にリサイクルしている日本フードエコロジーセンターが、この６年間に節分当日に受け入れた恵方巻の量を見てみよう。

波はあるものの２０１９年10月の「食品ロス削減推進法」の施行以降、恵方巻の廃棄量が減っていることがわかる（図２‐３）。２０２１年に激減しているのは、コロナ禍で東京や大阪など10都府県で緊急事態宣言が出されており、食品小売店が時短営業した影響が

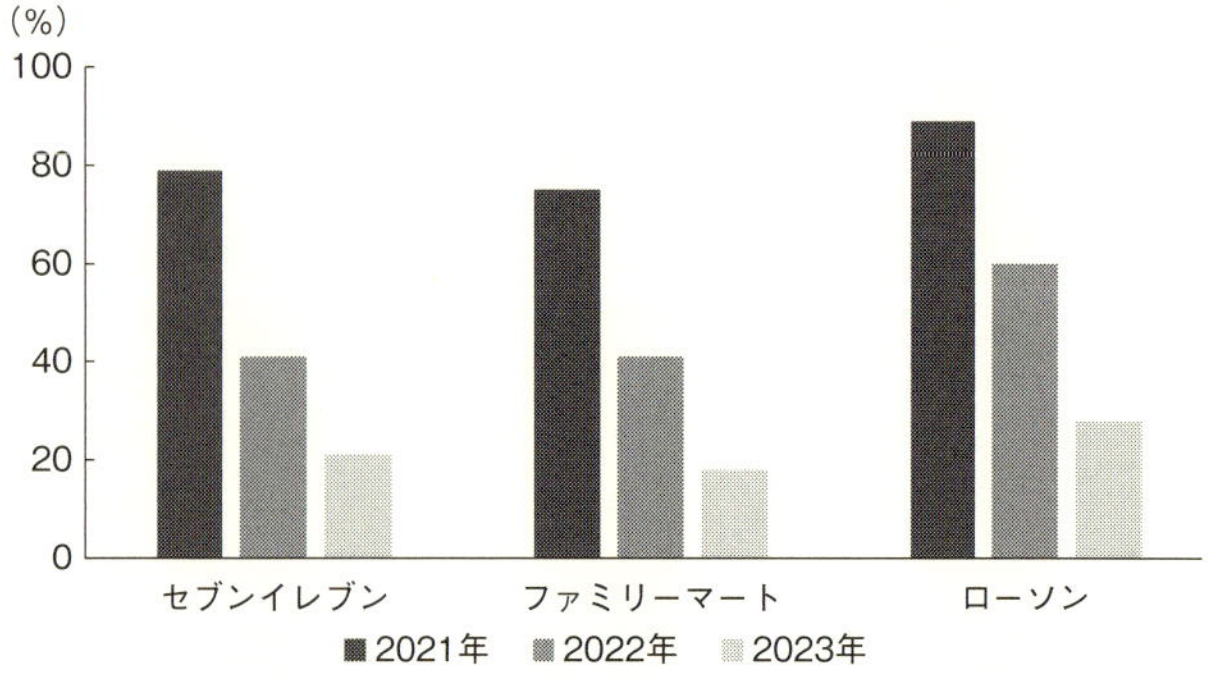

図2-4　大手コンビニ３社調査対象店舗の完売店舗率

考えられる。

†筆者独自の売れ残り調査２０２３年の結果は

筆者は２０２３年２月３日から同月４日にかけて、協力者5名と1都4県、合計45店舗の大手コンビニと食品スーパーをまわり、恵方巻の調査をおこなった。

調査したコンビニ全店舗の売れ残り本数は８９８本（1店舗あたり28本）、完売店舗率21％だった。あるコンビニでは日付の変わった深夜０時13分に76本が売れ残っていた。

筆者が入手したセブンイレブンの内部資料によると、主力商品の「七品目の幸福恵方巻」（４６０円）と「七品目の幸福恵方巻ミニ」（３２０円）の廃棄率はそれぞれ9・9％、7・0％だった。流通経済研究所による「日配品の食品ロス実態調査」（ｎ＝１０２８社）によれば、廃棄ロス率の中央値は「０―０・２％未満」〜「0・6―0・8%未満」である。大手コンビニ3社は、農林水産省の恵方巻ロス削減の取り組みに名乗りをあげているが、直近3年間の完売店舗率は各社とも激減している（図2-4）。いくら「予約販売します」と宣言していても、需要を上まわる量を当日販売していては、売り切るのはむずかしいだろう。

ただ、前掲の恵方巻に関する調査から、「予約する」のは消費者の1割程度に過ぎず、5割は「当日に買う」のだから、コンビニがそんな消費者のニーズに応えようとしたのは当然といえる。しかし、同調査によれば消費者の約6割は恵方巻をスーパーで購入しており、コンビニで購入するのはわずか1割程度だ。そして半数以上は「半額以下であれば購入を考える」というのだから、値引き率の低いコンビニで売れ残りが発生するのも無理はない。ただし、3社ともに恵方巻を完売させた店舗がある。加盟店オーナーの裁量なのだろうか。

セブンイレブンはAIによる発注補助システムを2023年2月に5000店舗、ファミリーマートも同年3月に5000店舗に導入するという。AIによって恵方巻のような季節商品の食品ロスが今後どうなるのかも注視していかなければならない。大手コンビニ独自の「コンビニ会計」によって、売れ残りなど、捨てる食品の費用の約80%以上は加盟店が負担しており、本部は捨てても損しない会計システムになっている（第5節で詳述）。

その日にしか売ることのできない季節商品を過剰なほど多く売る店は、余って捨てる費用を消費者に食料品価格として負担させている。消費者は知らないうちに食料品価格に組み込まれた食品ロスの代価を払わされているのだ。そのことに、わたしたち消費者も自覚的であるべきだ。

ハローズの廃棄率は驚異の0・004%

食品スーパーはどうだったか。筆者のまわった店舗では、夕方には恵方巻が大量に積まれていたものの、23時以降にはおおむね完売しており、売り切る努力をしたことがうかがえた。一方で閉店15分前に160本も売れ残っていた店舗もあったため、調査した食品スーパー全店舗の売れ残り本数は485本（1店舗あたり44本）、完売店舗率9%という結果だった。

消費者庁の「食品ロス削減推進大賞」を2020年に受賞した株式会社ハローズは、2023年に中国・四国地方にある全101店舗で恵方巻を合計約31万本、1億7000万円分販売した。1店舗あたり約3000本売り上げたことになる。しかも、廃棄金額は全店舗合計で6664円だったという。廃棄率は驚異の0・004%である。

また、店名は公表できないが、恵方巻の廃棄をゼロに抑えたスーパーもある。このスーパーでは節分当日に恵方巻7000本を完売した。7割は定価で、残りの3割は夕方から値引販売して売り切った。

†政府は全国調査とロス削減策の共有を

調査を社会への影響という観点からまとめると次のようになる。

2023年の恵方巻大量廃棄の経済・環境・社会的な負担
〈経済面〉恵方巻の損失額は、筆者の推計では約12億8000万円。
〈環境面〉恵方巻の大量廃棄で排出される二酸化炭素の量は1355トン。水資源は25メートルプール570杯分が無駄に。
〈社会面〉食料価格が高騰する中、日本には年収127万円以下で生活している人が1900万人以上いる。処分された恵方巻があれば256万人が1本ずつ食べることができたはずだ。

これらの結果から国の担当省庁に以下のことを提言したい。
まず恵方巻についての全国規模の消費者意識調査をおこない、結果に基づいた対策を講じること。そして、コンビニとスーパーそれぞれの恵方巻ロス削減の成功例を幅広く共有すること。

恵方巻はそもそも、その年の縁起のいい方角「恵方」を向き、黙って恵方巻を丸かぶりすると「福を招く」という縁起ものの食べものだ。しかし毎年10億円以上が食べられることなく廃棄される恵方巻がはたして福を招くだろうか。このロス分の数字を見ると、「鬼は〜内、福は〜外」なんてことになっていなければいいのだが、と思ってしまう。

2 牛乳5000トン廃棄の裏事情

†消費呼びかけに4種類の声

2021年の年末に「余剰生乳5000トン、廃棄か」と報じられた。もともと日本では、夏になると牛乳の需要は伸びるのに牛があまり乳を出さなくなるので供給は不足し、冬になると需要は減るのに牛が乳をたくさん出すようになり牛乳は余りがちだ。2021年は比較的涼しかったこともあり、例年よりも生乳の生産量が増えたが、コロナ禍で業務用の需要が減ったため、需給のバランスが崩れていた。そこに冬休みで学校給食がなくなったことが追い討ちをかけた。学校が春休みを迎えると再び生乳は余剰となった。乳業業界や農林水産省、岸田文雄首相（当時）は牛乳の消費を呼びかけた。その際、ソーシャルメディアでは「バターにすればいい」「乳をしぼらなければいい」「安売りすればいい」「業界が努力すべきで消費者に飲めと押し付けるのはおかしい」などの声が聞かれた。

だが、本当にそうだろうか。そう簡単に問題が解決するものなのだろうか。一つひとつ確認してみよう。

†「バターにすればいい」？

バターには家庭用と業務用とがあり、1個単位の規格が違う。家庭用は200グラム以下が一般的だが、業務用は450グラムが15個入りで1箱など、単位が大きいのが特徴だ（図表2－5）。

また、家庭用と業務用とではサプライチェーン（製造から使い手に至るまでの流通網）が異なる。家庭用のサプライチェーンはコロナ禍でも滞ることはなかったが、業務用のサプライチェーンは、レストランや居酒屋などが時短営業となり、外食需要が低迷。感染拡大防止のため観光や出張が自粛されるとバターを使ったお土産需要も下火となった。そうな

用途	業務用			小売用
	工場向け（製菓、飲料等）		店舗向け（外食、製菓、製パン、ホテル等）	家庭向け（料理、パン、菓子等）
呼称	バラ（国産／輸入）	小物、シート（輸入）	ポンド、シート、ポーション（主に国産）	カートン、カップ、ポーション（主に国産）
形状	20〜25 kg／箱（段ボール箱入り）	1〜5 kg／個	ポンド：450 g（1ポンド）×15個／箱 シート：500 g〜5 kg×2〜20枚／箱 ポーション：8 g×50個／箱　等	カートン：150 g〜200 g／個 カップ：100 g／個 ポーション：8 g×8個／箱　等
保存	冷凍保存：2〜3年	冷凍保存：2〜3年	冷凍保存：2〜3年 冷蔵保存：150〜180日	冷蔵保存：150〜180日

図表 2-5　バターの種類（出典：農林水産省「脱脂粉乳・バターの安定供給のために」）

ると、バターは出荷されず、在庫が積み上がってしまう。規格が違うため、業務用のバターをスーパーなどの小売にまわすこともできない。

かといって余剰となった生乳を捨てるわけにもいかず、すでに在庫が積み上がっている状況にもかかわらず、業界をあげて増産体制でバターなどに加工していたのが実情だ。

そして食品には、安全に食べられる期限である「消費期限」や、おいしさのめやすである「賞味期限」がある。バターの場合は「賞味期限」。食品業界では、理化学試験・微生物試験・官能検査をもとに算出した実際においしく食べられるめやすの日数に、1より小さい安全係数をかけて「賞味期限」を設定している。

ただでさえ短めに設定されている賞味期限を3等分し、最初の3分の1までを「納品期限」、次

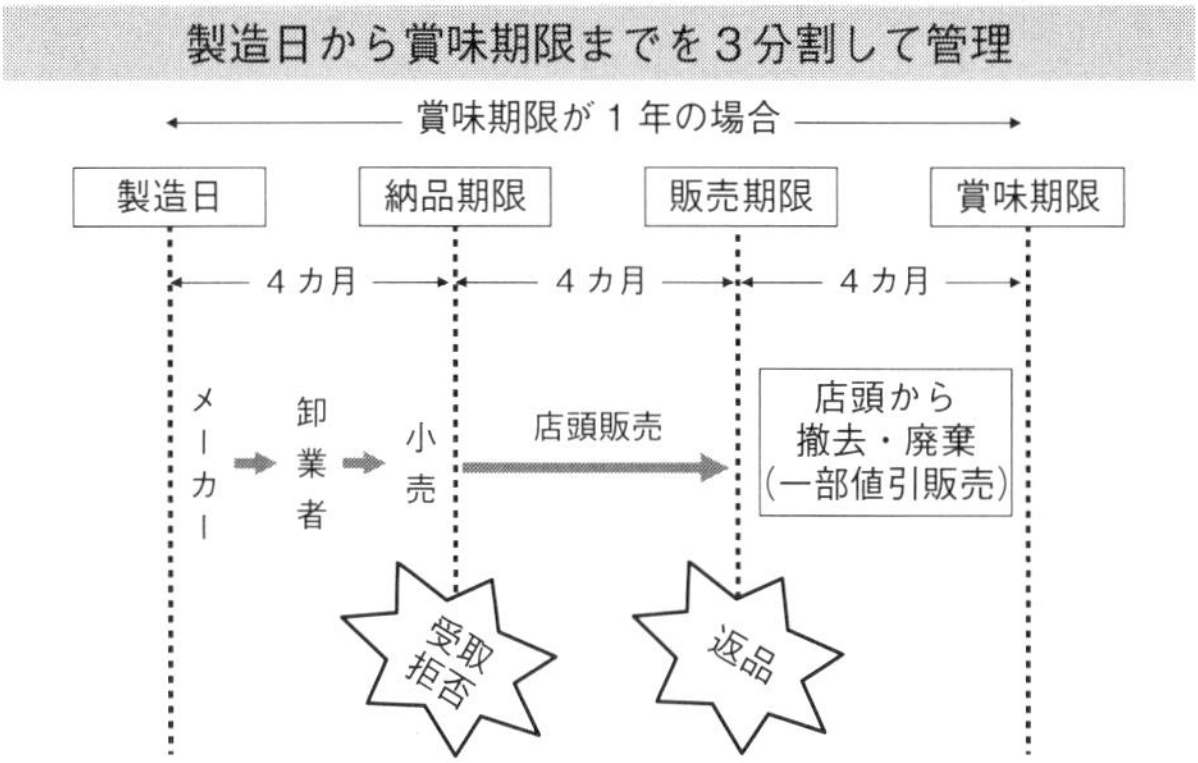

図2-6　３分の１ルール（出典：消費者庁の資料をもとに作成）

の3分の1までを「販売期限」としており、それぞれの期限を過ぎると、たとえまだ賞味期限が残っていても納品できない、あるいは販売できないという、食品業界の商慣習「3分の1ルール」がある（図2－6）。

業務用バターは冷凍保存するので日持ちするが、保存期間はせいぜい2〜3年である。在庫が増えると冷凍倉庫の保管費用がかかるうえ、業界特有の商慣習や短めに設定されている賞味期限によって、いずれ廃棄することになる。「とりあえずバターにしておけば」解決というわけにはいかないのが現状だ。

†「乳をしぼらなければいい」？

急に乳をしぼらなくなると牛が乳房炎になってしまう可能性がある。牛は機械ではない。人間の都合に合わせてボタンひとつで乳の量を調整できるわけではない。生乳は牛の血液によって運ばれてくる栄養成分を乳房にある乳腺細胞で濾《こ》したもので、1リットルの生乳をつくり出すのに牛は400〜500リットルもの血液を循環させる必要がある。

法政大学経営学部の木村純子教授は『持続可能な酪農』（2022年）の中で、「酪農や農業は、命を育てる活動で、資本主義に合わない」と指摘している。本来、牛乳は仔牛のために母牛がつくり出す、いのちの糧となるもの。牛乳を飲むということは、牛のいのちを分けてもらうということである。

「安売りすればいい」？

安売りすれば消費者はよろこぶかもしれないが、そもそも日本で売っている牛乳の価格は安いのか、高いのか、考えたことがあるだろうか。東京大学大学院の鈴木宣弘特任教授は『農業消滅』（2021年）の中で、「カナダの牛乳は1リットル当たり約300円で、日本より大幅に高い。だが、消費者はそれに不満を持っていない」と述べている。鈴木教授の研究チームの調査によると、ホルモン剤の使用など安全性に不安のある外国産の牛乳より自国の乳業を支えたいというのがカナダの消費者の心情のようだ。

すでに原油高や円安の影響で、燃料やトウモロコシなどの飼料の価格が高騰し、酪農家の経営は圧迫されている。日本の食料自給率が37%（カロリーベース、当時）と低く、多くの食料を海外に依存していることを考えると、乳業・酪農業界の持続可能性を含めて日本の食料安全保障について考える必要があるのではないだろうか。

†「消費者に飲めと押し付けるのはおかしい」？

2014年のクリスマスシーズンにバター不足が生じたことを覚えているだろうか。バターが不足したからといって、足りない分をすぐにつくるわけにはいかない。バターをつくれば副産物として脱脂粉乳ができるが、今度は脱脂粉乳が余ってしまう。それ以来、農林水産省と酪農・乳業業界は一丸となって安定供給を目指してきた。増産といっても、一頭の乳牛を育て乳がしぼれるようになるまでに最低でも2年半かかる。酪農家が何年もかけて乳牛の頭数を増やし、生乳の増産に取り組んできたところに起こったのがコロナ禍である。業界としてはコロナ後を見据えてこの難局を乗り切ろうとしているが、消費者には問題の背景が伝わっていない。

さて、ソーシャルメディアで叫ばれていた対応策の4つに現実味があるかを見てきたが、消費者側が自分の権利ばかりを主張した「声」であると感じないだろうか。消費者として要望があることも理解できる一方で、消費者には他者のことを考えて消費行動をとる責任もある。消費者の権利と責任については、1982年に国際消費者機構（CI）が「消費者の8つの権利と5つの責任」を提唱し、日本では中学校の家庭科で履修することになっている。「自分さえよければ」ではなく、自分たちの食を支えてくれている生産者のことまできちんと配慮する必要があるということだ。

経済性ばかりを優先した食料システムのもろさはコロナ禍ですでに明らかになっている。わたしたちはどこかでいのちや自然さえ操ることができると誤解していないだろうか。

3 賞味期限——厳守ではないことを書き足す知恵

†「消費期限」との違いは知っているのに

よくある消費者意識調査のアンケートに「賞味期限と消費期限の違いを知っていますか？」というのがある。回答をみると、たいてい多くの人が「知っている」と答えている。たとえば、消費者庁が2022年3月に全国の18歳以上の男女5000人を対象に実施した消費者意識調査では、71・9％が「知っていた」と答えている。

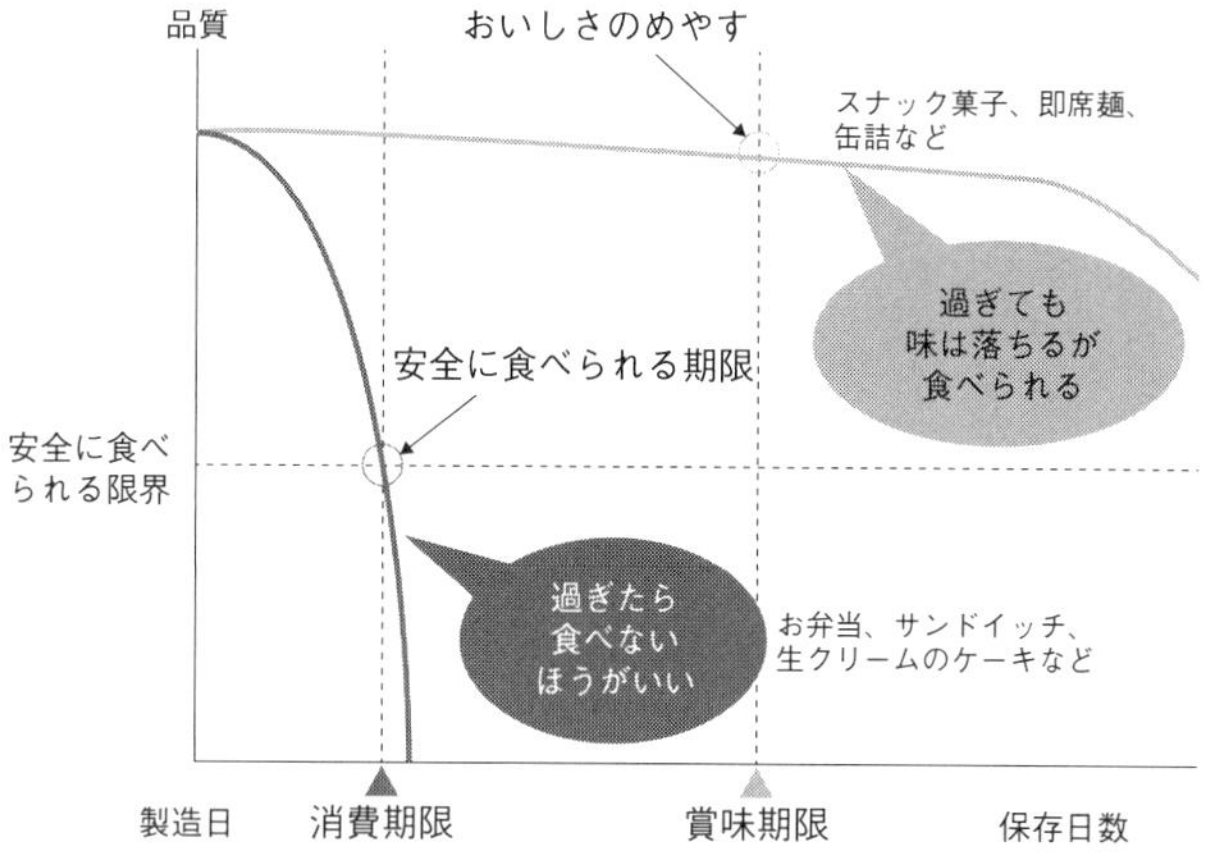

図 2-7　賞味期限と消費期限（出典：消費者庁の資料をもとに作成）

では、違いを知っていることが日常の消費行動に結びついているだろうか。

筆者は、講義した大学や講演をした会場で、「買い物のとき、商品棚の奥へ手を伸ばして賞味期限が先のものを取りますか？」とアンケートを取ってきた。さまざまな年齢と性別の2730名のうち、88％は「食品棚の奥から取る」と回答している。

期限表示で本当に気をつけなければいけないのは「消費期限」の方だ。これは日持ちしないお弁当やサンドイッチ、生クリームのケーキなどに表示される「食べても安全な」期限で、品質が急激に劣化するので、印字された期限をしっかり守る必要がある（図2－7）。

「消費期限」であれば、食品棚の手前にある期限のせまった食品は「鮮度が落ちていいそう」「期限内に使い切れないかもしれない」と心配になり、食品棚の奥に手を伸ばすという消費者心理は理解できなくもない。

しかし「賞味期限」は、おいしさのめやすに過ぎない（図2－7）。くり返しになるが、食品メーカーは国のガイドラインに沿って「微生物試験」「理化学試験」「官能検査」から算出した実際に品質を保持できる日数に、1より小さい「安全係数」を掛けて賞味期限を設定している。

安全係数はメーカーによって異なるが、国のガイドラインでは0・8以上の数字が推奨されている。たとえば、実際は10カ月品質を保持できる食品であっても、安全係数0・8を掛けた賞味期限は8カ月となり、2カ月短くなる。ひとたび出荷されると、食品はさまざまな条件下に置かれるため、メーカーはあらゆるリスクを考慮して「ここまでなら大丈夫」という期限を短めに設定しているのだ。保管方法を間違えない限り、賞味期限を過ぎても食べられる、というのはそういうわけだ（注：2024年12月、政府は安全係数を見直す方針を示した）。

それでは消費者の7割以上が「賞味期限と消費期限の違い」を知っているのに、9割弱が食品棚の奥に手を伸ばして少しでも賞味期限の長い食品を取ろうとするのはなぜなのか。棚の手前で売れ残った食品は撤去され廃棄されてしまうというのに。

†参考になるデンマークの挑戦

食品ロスを防ぐ方法を、「賞味期限の啓発」と他国の実践例から考えてみよう。2022年のSDGs達成度ランキング2位のデンマークでは、2019年に政府公認の「賞味期限の書き方」キャンペーンがおこなわれ、食品包装に「多くの場合、その後もおいしく食べられます」「賞味期限が切れてもすぐに悪くなるわけではない」というような説明を入れるようになった。ある牛乳メーカーは、牛乳パックの側面一面を使い、自分の五感を信じて「目で見て、においをかいで、味を確かめてみて、食べても大丈夫かどうかを自分で判断しましょう」と消費者に啓発した。デンマークではこうした一連の食品ロス削減の取り組みを通して、5年間で25%も食品ロスを減らすことができたという。日本でもこのような表示はできないだろうか。

消費者庁の「加工食品の表示に関する共通Q&A」を見てみよう。これは食品メーカーが食品パッケージの表示を作成する時、あるいは消費者からの質問に回答する際、参考にするものだ。

Q：消費期限又は賞味期限の用語の意味が、必ずしも消費者にとって分かりやすくないので、説明を付記してもよいですか。

A：分かりやすく表示することは、消費者への情報提供の観点から適切であると考えます。

つまり、メーカーは食品パッケージに「賞味期限」だけでなく、その補足情報をつけ加えていいのだ。実際、日本でもハムや焼き豚などには賞味期限の下に「おいしく召し上がりいただくための期限です」と書き添えられたものがある。

†「おいしいめやす」は自分の五感で判断を

消費者庁は、2020年に賞味期限の愛称・通称コンテストを行い、「おいしいめやす」を最優秀賞に選んだ。確かにこれなら子どもにもわかりやすいが、いまのところ愛称と言えるほど一般的にはなっていない。

せっかくなので食品メーカーが参照する消費者庁のガイドラインに、「賞味期限（おいしいめやす）：〇〇〇」を期限表示の模範例として書き加えてはどうだろう。ついでにデンマークにならい、「賞味期限：〇〇〇　過ぎてもたいていおいしくいただけます」や「賞味期限：〇〇〇　過ぎたら五感で判断しましょう」も模範例に加えてもらいたい。こうした補足があれば、食品メーカーも、より食品ロスを防ぐ表示へと踏み出せるはずだ（注：消費者庁「食品表示基準Q&A」令和3年版にはこうした補足が追記されている）。

食品メーカーが自社の利益を追求することは当然だが、消費者を啓発することもまた企業としての責任である。今から10年以上前の2012年、「消費者教育推進法」が施行され、事業者には「消費生活の知識の提供」が努力義務として課せられた。消費者に、賞味期限の意味や消費期限との違いをわかりやすく啓発することは、この法律の基本理念である「消費生活に関する知識を習得し、適切な行動に結びつける実践的能力の育成」につながる。

では、どうやって啓発するのか。消費者が日頃もっとも目にする食品パッケージこそ、最適な場所と言えないだろうか。賞味期限の啓発で食品ロスを防ぐことは気候変動対策にもなる。なんといっても食品ロスは中国、米国に次いで世界第3位の温室効果ガスの排出源なのだ（第5章第1節で詳述）。

消費者は、自分で料理したものであれば食べ残しても、まだ食べられるかどうかを自分で判断しているのに、企業が工業生産したものになると、とたんに人まかせになり「思考停止」状態になりがちだ。もし、いま大災害が起きて、手元に賞味期限切れの食品しかなかったらどうするか。五感を駆使して食べられるかどうかを判断するのではないだろうか。

繰り返しになるが、「賞味期限」はおいしさのめやすである。食料価格が高騰し家計を圧迫しているいまこそ、賞味期限が切れても自分の五感を使って判断することを心がけたい。

4　牛乳の「賞味期限」で一人ひとりが考えるべきこと

†英大手スーパーが表示内容変更を決断

「五感を使って自分で判断」を実際に呼びかけた事例がある。

おそらく2022年に世界でもっとも紙面をにぎわせた食品ロス関連のニュースは、英国の大手スーパー各社が「期限表示は食品ロスを助長している」として、こぞって乳製品や青果物などの期限表示の変更や撤廃を表明したことだろう。

2022年のニュースを時系列に沿って整理してみよう。

1月、モリソンズが自社ブランドの牛乳の期限表示を「消費期限」から「賞味期限」に変更。3月、オカドが一部の野菜や果物の賞味期限を撤廃。4月、コープが自社ブランドのヨーグルトの期限表示を「消費期限」から「賞味期限」に変更。7月、マークス＆スペンサーが果物や野菜の300品目で賞味期限を撤廃。8月、セインズベリーが青果物230種類の賞味期限を撤廃。自社ブランドの乳製品46種類を年内に「消費期限」から「賞味期限」に変更。9月、ウェイトローズが約500種類、アズダが約250種類の青果物の賞味期限を撤廃。12月、アルディが60種類の青果物の賞味期限を撤廃。

英国小売最大手のテスコは2018年に100種類以上の果物や野菜の賞味期限を廃止しており、ドイツ資本の小売リドルも青果物の賞味期限を撤廃していた。

ことの発端は、英大手スーパーのモリソンズが、2022年1月末から自社ブランドの牛乳の期限表示を「消費期限」から「賞味期限」に変更することを発表し、消費者には牛乳の期限が切れたらにおいをかいで飲めるかどうかを自分で判断するように呼びかけたことだ。

英国食品基準庁（FSA）によれば、「消費期限」は食品の安全性に関わるもので、精肉や惣菜など日持ちしない食品に表示し、「賞味期限」は食品のおいしさに関するもので、冷凍食品、乾燥食品や缶詰など日持ちする食品に表示することと規定している。

牛乳のような、毎日店舗に配送される日持ちのしないデイリー食品の期限表示を、安全の基準である「消費期限」から、おいしさのめやすである「賞味期限」に変更するのは、小売企業にとってはリスクの高いことのように思える。しかも、英国の牛乳のほとんどは低温殺菌牛乳である。低温殺菌牛乳は、日本でも日持ちが短い食品につけられる「消費期限」表示となっている。なぜモリソンズは踏み切れたのだろう。

†消費期限を1日延ばせば廃棄削減2万トン

英国の非営利団体WRAP（ラップ）によると、牛乳はジャガイモ、パンに次いで英国で3番目に捨てられることの多い食品である。英国では毎年33万トンもの牛乳が廃棄されており、金額にして1億5000万ポンド（約227億円）に相当する。そのおよそ9割は家庭で捨てられており、WRAPでは、主な原因を消費者が律儀に期限を守っているためだと推察している。

また、WRAPでは、牛乳の消費期限をたった1日延ばすだけで、英国で2万トン、金額にして1000万ポンド（約15億円）の牛乳の廃棄が削減できると試算している。つまり、牛乳の期限表示を変えるだけで食品ロスをかなり減らせる可能性があるということだ。

そのため食品基準庁、英国環境・食糧・農村地域省（Defra）、WRAPによる英国の食品表示ガイドライン（2017年）では、食品をいつまで食べられるかについて消費者自身で個別に判断することを奨励し、食品ロス削減のために期限表示を撤廃するよう小売業者に求めている。

英国では牛乳や乳製品の期限表示には、食品安全上の理由から必要な場合のみ「消費期限」を適用し、それ以外は「賞味期限」とすることが推奨されている。また、カットされていない野菜や果物などの青果物については、消費者にとって必要と判断される場合にのみ「賞味期限」を適用し、それ以外は期限表示をつけないことを求めている。

「消費期限」だと、期限が過ぎたら安全に食べられないことになってしまう。しかし、おいしさのめやすである「賞味期限」であれば、期限が切れても、多少風味は落ちるかもしれないが食べることはできる。そもそも「賞味期限」がなければ期限を気にする必要もなくなる。食品の期限表示を「消費期限」と「賞味期限」のどちらにするか、期限表示をするかしないかは食品ロスの観点からすると、大きな問題なのだ。

しかし、英国の食品基準庁は、メーカーや食品によって製造方法やリスクの程度などが異なるので、「賞味期限」と「消費期限」のどちらにするかをメーカーの判断にゆだねてきた。

†冷蔵庫の温度を2度下げたら

科学誌「Journal of Dairy Science」（2018年8月号）に発表された米国コーネル大学の論文からは、マイクロフィルター処理された牛乳の保管温度を6度から4度に下げるこ

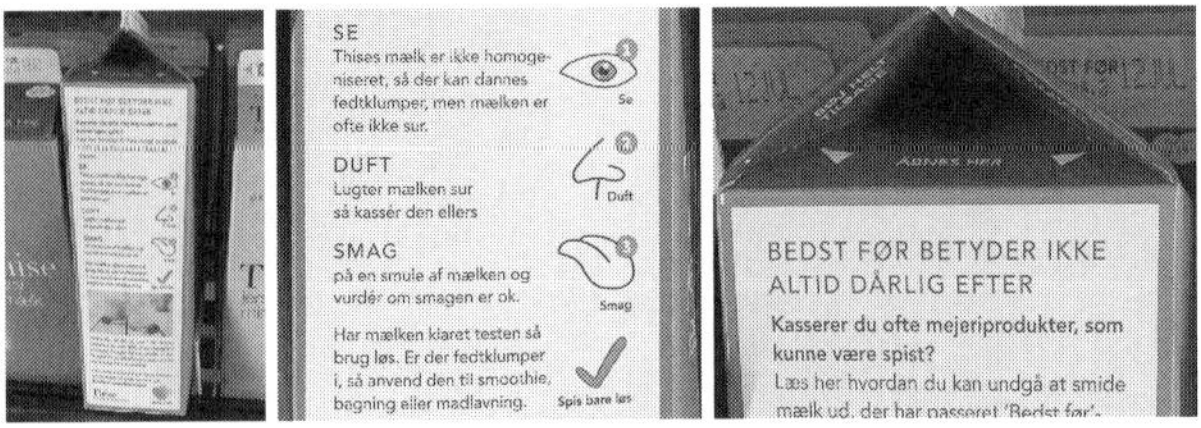

牛乳パック側面の、五感を使った判断を促すピクトグラム（Too Good To Go 提供）

とで、３週間後の腐敗率を66％から９％へと劇的に抑制できることがわかった。

英国チェスター大学の調査からは、英国大手スーパー４社（テスコ、セインズベリー、アズダ、モリソンズ）の自社ブランド牛乳を未開封のまま４度で冷蔵し食品安全検査をおこなったところ、「消費期限」が過ぎても７日間は安全に飲めることがわかった。チェスター大学の研究者は、牛乳が購入されてから消費者宅の冷蔵庫に入れられるまでの時間や、冷蔵庫の設定温度のばらつきなどを考慮して、各社は「消費期限」の設定にかなりの余裕を持たせていたのではないかと推察している。

調査を依頼した英国の非営利団体フィードバックは、チェスター大学の報告をもとに、２０１９年に英国の大手スーパー各社に対して牛乳の期限表示の見直しを求めている。２年後の２０２１年に英紙「Mail on Sunday」は、大手スーパーの多くがいまだに自社ブランドのヨーグルトや牛乳を「消費期限」表示のまま販売していると指摘している。

その時点でダノンやネスレなど大手食品メーカーは、乳製品の期限表示をすべて「賞味期限」に切り替えており、食品ロス問題に取り組むスタートアップ企業Too Good To Go（トゥー・グッド・トゥ・ゴー）の作成した「見て、かいで、味わって、無駄にしない」と五感を使った判断をうながすピクトグラムを食品のパッケージに印刷し、消費者に飲食できる期限を自分で判断するように呼びかける啓発活動までおこなっていた。この記事を読んだ英国の大手スーパー各社が決まりの悪い思いをしたことは想像にかたくない。

ちなみに企業名の「Too Good To Go」は「捨てるにはもったいない」という意味である。

こうした科学的な根拠と非営利団体やメディアによる働きかけ、大手食品メーカーの先行例、食品ロス問題への消極的な姿勢が消費者意識調査で批判されることなどが、モリソンズに自社ブランドの牛乳の期限表示を「消費期限」から「賞味期限」に切り替えさせ、そしてその後、多くのスーパーに連鎖していくことになったのだろう。

†表示を絶対視せず批判的思考をもつこと

日本の牛乳のほとんどは高温殺菌牛乳であり、期限表示は「賞味期限」となっている。

しかし、日本でも低温殺菌牛乳の場合は「消費期限」表示だ。日本と英国とでは気候や製造方法の違いがあるので一概には言えないが、英国の低温殺菌牛乳が4度で保管した場合、「消費期限+7日間」安全に飲めるとすれば、日本の牛乳の期限表示も見直す余地があるのかもしれない。

日本の大手家電メーカー各社による冷蔵庫の推奨温度は2〜6度程度と、前掲の実験で効果のあった4度や英国のガイドラインの0〜5度より高めであることから、日本では牛乳の期限表示を緩和しようという機運は高まらないかもしれない。しかし、英国には平均的な家庭の冷蔵庫の設定温度がガイドラインよりも2度高め（ほぼ日本の推奨温度）という調査結果もある。つまり英国では、家庭の冷蔵庫が4度以上に設定されている可能性があるのを承知のうえで期限表示が緩和されたことになる。2023年3月に新型コロナウイルス感染症の5類移行に伴って「マスク着用は個人の判断で」など感染対策の規制緩和が大胆になされたが、国民に判断をゆだねる姿勢は同じだ。

日本の大手スーパーに可能性を聞いてみると、「現時点では日本でもっとも捨てられている食品である野菜や果物の食品ロス対策を優先させているが、そういう事例があるのなら牛乳についても検討したい」とのことだった。

また、ある食品関連事業者は、「期限表示はあくまで未開封であることや保存状態にもよるので、日付だけを信頼するのもどうかと思う。批判的思考を持つことは、賞味期限の本質にせまる意味でも重要。英国のような議論が日本の消費者から起こってくるためには、子どもの頃からの教育が必要かもしれない」と語っていた。確かにそうかもしれない。

冷蔵庫から出したまましまい忘れていた牛乳は、たとえ賞味期限内であっても、中身は劣化しているかもしれない。期限表示を絶対視せず、自分の頭と五感を働かせるようにしたい。

5 「捨てる」が組み込まれた大手コンビニのビジネスモデル

†年間1店舗あたり468万円を廃棄

2022年の年末、あるコンビニのオーナーがSNSにこう投稿していた。

「廃棄金額年間で売価480万円の当店。これでも時間帯により棚スカスカです。以前よりかなり廃棄減らしてこれです。これが現実。キツい。もっと減らしたらもっと棚スカだ」

その翌日の投稿には「元旦、前年データと全然ちがう動きしてる。年越しそばたちが大量に売り場で年越ししてる」とある。食品ロスは減らしたい、でも売上は減らしたくないとギリギリのところでコンビニを経営するむずかしさが伝わってくる投稿だ。

筆者は2017年から大手コンビニの食品廃棄について取材をおこなっている。同じ系列のコンビニでも、年間1000万円以上を捨てている店舗もあれば、独自に「見切り（値引き）販売」をおこない、ほとんど捨てていない店舗もある。だから、先のSNSに投稿された廃棄金額480万円というのは、筆者にとって実感に近い金額である。

公正取引委員会は、2019年10月から2020年8月にかけて全国の大手コンビニエンスストア5万7524店を対象におこなった調査（対象店舗のうち1万2093店が回答）から、大手コンビニが食品を1店舗あたり年間468万円（中央値）廃棄していると報告しており、その金額にも近い。

国税庁によれば民間の給与所得者の平均年収は460万円である。つまり、コンビニ1店舗は1年間に、国民の平均年収を上まわる額の食品を捨てていることになる。単純に対象店舗数の5万7524に廃棄金額の468万円を掛けると、大手コンビニの年間廃棄金額は約2692億円となる。これはウクライナ危機や記録的な円安で食料価格が高騰し、

サンドイッチ（売値200円、仕入値150円）を10個仕入れ、8個販売できた場合

一般的な会計	コンビニ会計
売上げ：1,600円　（200円×8個）	売上げ：1,600円　（200円×8個）
仕入れ：1,500円　（150円×10個）	仕入れ：1,200円　（150円×8個）
粗利：100円	粗利：400円
本部ロイヤルティ：50円	本部ロイヤルティ：200円
加盟店収益：50円	加盟店収益：▲100円

（食品ロス2個分の仕入れ値300円は加盟店が負担）

図表2-8　コンビニ会計の仕組み（実際の計算式はもっと複雑で、企業や店舗の契約状況によっても異なるが、読者向けに簡略化したもの）

食料自給率を含め国の食料安全保障の見直しを求める声が上がる中、見過ごせない額だ。

加盟店が廃棄コストを80%以上負担

　こうした食品の廃棄コストの80%以上は、大手コンビニ特有の「コンビニ会計」という仕組みにより、本部ではなく、加盟店の負担となっている（図表2-8）。一方、利益の配分比は店舗の契約年数によっても異なるが、50%以上を本部が受け取るようになっている。利益の50%以上は本部に持っていかれ、廃棄コストの80%以上は加盟店が負担するという経営システムは公正とは言いがたい。

　多くのコンビニ店は、本部とフランチャイズ契約を結んだ加盟店として運営され、本部から商品を仕入れて販売する。「コンビニ会計」では食品ロスがなかったことにされるため、会計上は粗利が多くなり、より多くのロ

イヤルティを本部に支払うことになる。

加盟店の負担はそれだけではない。先日、以前取材させてもらった、ある大手コンビニ加盟店のオーナーと会ったところ、「いまやコンビニは無料のトイレ・無料のごみ箱・無料駐車場になってしまっていますよ」と嘆いていた。店の外にごみ箱を置くと捨て放題になるので、ごみ箱を店内に移したオーナーもいる。だが、それでも家庭ごみや他の飲食店の食べ残しなどを入れられることは日常茶飯事だ。そんなごみ処理費用も加盟店の負担となる。無料で開放しているトイレの清掃や洗剤、トイレットペーパーなどの費用も、客に提供する割り箸やおしぼり、スプーンやフォークなども、すべて加盟店負担だ。

前述の公正取引委員会の報告書からは、コンビニオーナーの6割強が「債務超過状態」か、資産額が「500万円未満」であり、人手不足のため週6日以上自らレジに立たなくてはならず、採算のよくない深夜営業や同一商圏へのコンビニ過剰出店などに苦しんでいる様子がうかがえる。

同じ企業の看板を掲げて働く以上、本部も加盟店もない。どちらか一方だけが不利益を被るという状況がつづくような経営システムは公平ではないし、持続可能とは言いがたい。国連の持続可能な開発目標（SDGs）の8番には「働きがいのある、人間らしい雇用を促進する」と掲げられている。はたしてこのような状況で、その目標に向かっていると言えるだろうか。

銀行員だった筆者の父は、転勤を繰り返して支店長に昇進した5カ月後に46歳の若さで他界した。もっと持続可能な働き方はできなかったのだろうかと数十年たったいまでも思う。筆者が食品ロスを減らす活動をつづけているのは、それが単なる無駄減らしではなく、働き方改革にもなると信じているからだ。

†「食品廃棄がストレスで退職」が約4割

年間5000件以上の労働・生活相談に関わっているNPO法人POSSE（ポッセ）の代表・今野《こんの》晴貴《はるき》氏は、2022年に入ってから「食品廃棄作業が苦痛で退職した」という学生アルバイトからの相談を多く受けるようになった。同団体が2022年秋に調査をおこなったところ、食品を捨てることがストレスで退職した人が4割もいたという。中にはうつになった人もいる。

筆者は、大手コンビニで働くベトナム人女性に取材したことがある。彼女は大学院で学びながら、大手3社のうち2社でバイトを掛け持ちしていた。終始おだやかに取材に応じてくれた彼女だが、食べものを捨てることに関しては、「もったいないです！　めっちゃもったいないです！」と語気を強めた。ベトナムでは食べものをこんなにそまつに扱ったことはないと悔しそうに語っていた。

アルバイト先で強いられるこうした食品廃棄は、コンビニでアルバイトとして働くことの多い在日外国人のストレスになるし、日本の印象を損ねるのではないだろうか。筆者はある大手コンビニ本部の幹部に、「コンビニで働く外国籍の人が増えているが、そういう人たちにまだ食べられる食品を大量に捨てさせるのは問題ではないのか」と質問したことがあるが、明確な回答は得られなかった。

†廃棄費用への本部補助3万円は正しいのか

2022年12月、ある大手コンビニ本部が全国の加盟店に対して、「年末セールに備え、売れ残った食品を捨てる費用を本部が上限3万円まで負担する」という通知を出した。2023年1月にも、「新春セールの品揃え見直しのために死筋《しにすじ》商品を捨てる費用として、本部が上限3万円の費用を補助する」という通知を出している。売れ残っても廃棄費用は本部が出すから、安心してたくさん発注しなさいということなのだろう。

先ほどコンビニでは本部と加盟店が対等ではないことを指摘したので、たまには本部も加盟店思いのことをするのだと思われるかもしれない。しかし、月に約40万円の食品を廃棄している店舗にとって、期間限定の3万円の補塡《ほてん》はありがたいものだろうか。そもそも食品廃棄を積極的に勧めること自体、各企業が推し進めている（はずの）ＳＤＧｓのターゲットと根本的にずれていないだろうか。

食品を廃棄することとは、単に食材を無駄にしているだけではない。生産者・加工業者・運送業者など、その食品に関わった多くの人たちの苦労、大切な資源やエネルギーを無駄にし、ごみ処理場で生ごみを焼却するのに多大な税金を使い、さらには気候変動の原因となる二酸化炭素を出すことになる。食べてもらうためでなく、廃棄のために費用を出すというのは、食品を扱う大企業の経営姿勢としていかがなものだろう。

大手コンビニは２０２２年に、比較可能な２００５年以降のデータで過去最高となる11兆１７７５億円の売上高を叩き出している。それなのに現場で働くコンビニのオーナーやアルバイトが、日々、「捨てる」辛さを抱えたまま働かなくてはならないのはなぜなのか。食品ロスの削減は「働き方改革」でもあるのだ。筆者はそう信じている。

6 高騰する卵の価格から、安すぎる日本の食を考える

†トリプルショックで販売取りやめ続々

２０２３年１月末にセブンイレブンは、煮たまごの販売を休止し、サラダやサンドイッチのゆで卵の量を減らした。北海道銘菓「白い恋人」は同年１月から、福岡銘菓「博多通りもん」は同年３月からオンライン注文が休止された。キユーピーは同年４月に２０２１年以降で４回目となるマヨネーズの値上げをした。牛丼チェーンの吉野家は、前年春わずか２カ月半で４００万食販売して好評だった「親子丼」の販売を見送った。帝国データバンクは同年４月６日、上場外食大手１００社のうち、２０２３年に入って卵メニューを休止または休止を表明した企業が少なくとも28社にのぼると発表している。

原因は「エッグショック」と呼ばれるほどの卵不足だ。記録的な円安とウクライナ危機で配合飼料の原料である穀物価格が高騰し、養鶏農家が生産調整をおこなっていたところに高病原性鳥インフルエンザが重なった。

農林水産省によると、２０２２年10月末以降、２０２３年５月６日までに鳥インフルエ

ンザの感染が確認された養鶏場は26道県で84件。殺処分の対象となったのは、過去最高の約1771万羽、このうち採卵鶏は1636万羽。日本の採卵鶏のうち約1割が殺処分されたことになる。鳥インフルエンザは毎年報告されているが、殺処分が1000万羽を超えたのははじめてだった。

†価格差縮小で平飼い卵が人気に

卵は「物価の優等生」と呼ばれ、消費者が価格に敏感な商品である。いくつかの養鶏農家は大規模化を進めることで生産効率化をはかってきたが、それが2022年から2023年にかけての鳥インフルでは裏目に出た。

2023年春、卵の供給量は減り、「JA全農たまご」の卸値（東京、Mサイズ、1キログラム）をみても、2023年5月の平均価格は350円と4月につづいて過去最高値を更新し、1年前の同月比で1・6倍値上がりしている。

エッグショックは、「お一人様1点まで」と購入制限を設けるスーパーが現れるなど食品事業者に大きな影響を与えたが、消費者の購買行動にも変化を及ぼした。高価格帯の平飼い卵が売れるようになったのだ。これまで安かった卵が値上がりして平飼い卵と値段が変わらなくなったため、どうせ同じ値段ならと品質にこだわった卵が選ばれるようになった。

農林水産省によると、鳥インフルの発生した養鶏場の生産量が元に戻るには半年から1年はかかるという。同省には、エッグショック再発防止のため、鳥インフル発生時に全羽殺処分から部分殺処分にするにはどんな条件が必要かなどの基準づくりも含め、鳥インフル政策の見直しを求める要請が出ている。

†知ってほしい、卵を無駄なく食べるためのQ＆A

日本におけるニワトリの飼育は少なくとも弥生時代（紀元前3～4世紀）までさかのぼることができるという。奈良県田原本町の唐古《からこ》・鍵《かぎ》遺跡で発掘された骨を北海道大学などの研究グループが分析してわかった。当時から卵を食べていたのかは不明だが、日本人とニワトリの関わりは2000年以上の歴史があるということだ。

国際鶏卵委員会（IEC）によれば、日本の卵の消費量は世界第2位（2021年）。日本人は1人あたり年間337個の卵を食べており、卵は日本人にとってなくてはならない食品といえる。

しかし、わたしたち日本人は案外、卵のことをわかっていないのかもしれない。そこで卵の専門家および業界団体に取材し、卵が注目を集めているいまだからこそ、ぜひ知っておいてほしいことをQ&Aにまとめてみた。

Q1：賞味期限を過ぎた卵は捨てるべき？

A1：冷蔵庫で保管されたひびのない卵なら、しっかり加熱調理すれば、賞味期限を過ぎても3カ月は食べられる。市販の卵の賞味期限は、サルモネラ菌の一種が卵の中に入ってしまっている「菌入り卵」を基準に、パック詰めされてから2週間と設定されている。「菌入り卵」が生じる確率は、3万個に1個、10万個に2〜3個の割合に過ぎない。だが、外からは見分けがつかないため、仮に菌が入っていたとしても安心して「生で」食べられる期間として定められた。ただし、卵の安全性は殻の表面の状態によって異なる。ひびの入った卵は雑菌が入っている可能性があるため、賞味期限内でもしっかり加熱して食べる必要がある。

Q2：賞味期限のせまった卵はゆでて保存しておくと長持ちする？

A2：ゆでると生卵よりむしろ日持ちが短くなってしまう。生卵の卵白にはリゾチームという菌を溶かす酵素が含まれている。ゆでると、この酵素の働きが失われてしまうためだ。

Q3：卵パックにある「賞味期限過ぎたら加熱調理してお早めに」表示の意味は？

A3：食品衛生法において、一般の食品の場合、賞味期限とは「おいしさのめやす」だが、卵の場合は「生食できる期限」である。卵の食中毒の原因となるサルモネラ菌は、75度で1分以上加熱すれば死滅するため、「賞味期限過ぎたら加熱調理してお早めに」と表示されている。賞味期限が過ぎたからといって卵が食べられなくなるわけではないということだ。

Q4：買ってきた卵は家で洗った方がいい？

A4：いいえ。市販の卵は、すでに洗ってあり、次亜塩素酸ソーダ200ppmで殺菌されている。家庭で洗うと殻にある「気孔」という穴から雑菌が入り腐敗の原因になることがある。汚れがあるなら拭き取るか、料理の直前にさっと洗うのが正解だ。

Q5：買ってきた卵は、パックから出して冷蔵庫の卵ケースに入れ替えた方がいい？

A5：パックのまま、冷蔵庫の奥にしまったほうがいい。冷蔵庫のドアポケットについている卵ケースに入れてしまうと、ドアを開け閉めするたびに揺れ、温度変化も大きい。

冷蔵庫の中でサルモネラ菌を他の食品にうつさないためには、パックのまま冷蔵庫の棚にしまっておけば揺れないし安全だ。

†値上がりした卵は本当に「高すぎる」のか?

2022年から2023年にかけてのエッグショックでは、「値上げで大変」「高くて買えない」という声がメディアに取り上げられることが多かったようだ。が、むしろ、エッグショック以前が安すぎたのではないだろうか。

筆者は「生産者が適正な利益を得るための値上げは妥当」と考えているが、「食品価格が高すぎると生活困窮者が買えなくなるから値上げなんてけしからん」と批判されることがある。しかし、安すぎたら養鶏農家は経営をつづけていくための適正な利益を得られない。食品価格の適正化と困窮者支援の問題は分けて考えた方がいいのではないだろうか。

その安さゆえ、好きなときに好きなだけ使ってきた卵。いつのまにか「ありがたい」と感謝する気持ちがうすれていたように思う。卵価格が高騰する機会にこそ、その大切さや適正価格に想いを馳せ、購入した卵を無駄にしないことを改めて考えてみたい。

第3章　貧困をめぐる実情

1　世界をおおう食料高騰と貧困の波

†ガソリンは6割、卵は3割値上がりした米国

原油価格の値上がりとロシアのウクライナ侵攻による食料危機が、世界中で物価の高騰を引き起こしている。世界でもっとも豊かな米国でも、高騰するガソリン代や食費が、ぎりぎりで生活している低所得者層に大きな打撃を与えている。

米国の2022年6月の消費者物価指数は前年同月比9・1％と、約40年半ぶりの高水準となった。ガソリンは59・9％、食品も10・4％値上がりした。食品では肉や魚がかなり値上がりし、特に卵は33・1％の上昇となっている。米国のシンクタンク、アーバン・

インスティテュートの調査では、米国の成人の6人に1人が食料支援に頼っている。

食料支援の例として「フードバンク」や「フードドライブ」がある。「フードバンク」とは、企業や個人から寄付された食品を預かり、必要とする人へつなぐ活動やその活動をおこなう組織のことで、「フードドライブ」とは、家庭で余っている食品を集め、フードバンクなどの慈善団体や食料を必要とする個人へつなぐ活動のことだ。

米国公共ラジオ放送（NPR）によると、フルタイムで働いている人も無料の食料を求めてフードバンクに来るようになっている。信用金庫に勤めるある女性は、このインフレが起こるまでフードバンクに来たことはなかった。あるスクールバス運転手の夫婦は外食をやめ、フードバンクに通って生活費を切り詰めている。これはコロナ禍でも見られなかったことだ。

フードバンクにも変化が生じている。コロナ禍でオンライン注文が普及したため小売側の在庫管理が効率化して余剰食品が減り、フードバンクへの食品寄付が激減しているのだ。フードバンク側は急増する需要に応えようと独自に食品を購入しているが、過去40年間で最悪のインフレで経営状況は悪化している。支出が前年比で5倍になったところや、食品を低価格のものに切り替え、食料提供の回数や量を減らすところもある。2022年6月、米国農務省は、食料支援を強化するために20億ドル（約2200億円）の追加予算を発表した。

食料支援は、本来、緊急対策だった。だが、当時はコロナ禍もロシアによるウクライナ侵攻も収束が見通せず、緊急事態が日常となっていた。ちょうど「百年や千年に一度の異常気象」が日常化していったように。

†英国は子どもの貧困支援に約19億円拠出

欧州でも状況は同じだ。英国の2022年6月の消費者物価指数は前年同月比9・4％増と、こちらも1982年2月以来の高水準となった。4月には電気が53・5％、ガスが95・5％値上げされている。光熱費の負担増は、年間約700ポンド（約11万円）にもなり、生活に重くのしかかる。

2022年5月9日付英紙「ガーディアン」の調査によると、過去1カ月間に丸一日食事を抜いたことがあると回答した英国人は200万人以上。2022年1～3月の間に食事を減らしたり抜いたりした家庭の割合が57％も増え、成人の7人に1人（730万人）が食料不安と推定されるという。

英国のフードバンクを支援する慈善団体トラッセル・トラストによると、2021年10月から翌年3月の間に食料支援を求める声が劇的に増え、ネットワーク内のフードバンクは半年間で120万個の食料小包を提供した。通常の年の1年分にあたる支援量だ。光熱費を節約するために「調理の必要な食品や冷凍食品を入れないで」と要求する人もいる。

学校が長期休暇に入ると、一日一食の学校給食で食べつないできた貧困家庭の子どもたちは困窮してしまう。このため英国教育省は2022年、物価の高騰で十分な食料を確保できない9万8000人の子どもたちに、無料で食料を提供する「ホリデー・ハンガー」に1260万ポンド（約19億円）の予算をあてると発表した。

†日本でもフードバンクに長蛇の列

日本でも食料支援を受ける人が急増している。

広島市のフードバンク「あいあいねっと」の代表を務める原田《はらだ》佳子《よしこ》・美作《みまさか》大学元教授は、2022年に入ってから個人支援の件数が急増していると語る。かなり深刻な状況での依頼が増えており、「1週間、砂糖をなめただけ」「子どもには食べさせているが、自分は3日間食べていない」「今晩、食べるものがない」「明日、電気が切れてしまう」といった声が聞かれるという。

富山県で「フードバンクとやま」を運営する川口明美さんのところにも、フードバンクだけで解決できないような深刻な相談が増えている。生活がギリギリだったひとり親家庭や闘病中の人が、コロナ禍や物価上昇でさらに追い詰められるケースだ。川口さんは、今後も社会福祉協議会や市役所の相談窓口と連携をとりながら食料支援につながるよう努力していきたいと語っている。

東京都庁下で毎週土曜日に生活困窮者への食料支援を続ける認定ＮＰＯ法人自立生活サポートセンター・もやいの大西連《おおにしれん》理事長は「ゴールのないマラソンみたいな感じ」だと語る。「支援を求める人数は減らず、このままつづくのか、それとも落ち着くのか、先が見えないのが運営側にはいちばんきつい」。２０２２年６月は食料支援を求める人の数が５００人を超える週がつづいた。取材した日は14時からの配布に１時間も前から長蛇の列ができていた。

行列に並んでいた熟年男性は、「６年前にはボランティアとして弁当を配る側だった」と語っていた。コロナ禍で食料支援を受ける側となり、今回で並ぶのは13回目。野菜や果物をもらえるのがありがたいという。ここで食料を受け取ったら炎天下を30分以上歩いて池袋の食料配布に向かうそうだ。

女性の姿も散見された。生活保護を受けているが、子どもに知的障害があり、自身もうつ病を抱えていて、生活保護費ではとても足りないと嘆く女性もいた。

ボランティアの男性（20代）が、「もやい」での活動を通して、「幸せとか、生きるとか、そういうことを考えるようになった」と話していたのが印象的だった。

日本の2022年5月の消費者物価指数（CPI）は前年同月より2・5%上昇。2%を超えるのは2015年3月以来だった前月につづき2カ月連続だ。野菜や果物の値上げが目立ち、特にタマネギ125・4%増、リンゴ34・0%増、食用油36・2%増と高騰している。

数字だけ見れば、日本の物価高騰は、まだそれほどではないのかもしれない。だが、そもそも日本の平均賃金（2021年）は米国の約2分の1、英国の約8割にしかならず、水をあけられている。また、日本の食料自給率は37%（カロリーベース、2018年）と、米国（132%）や英国（65%）に比べて低く、輸入食品への依存度が高いうえ、当時1ドル＝140円台をうかがう約20年ぶりの円安水準を考えると、窮状は深刻度合いを強めている。

値上げをしなければと思いつつ、客離れを恐れてなかなか値上げに踏み切れない店も多いと聞く。専門家も「戦争による食料価格高騰の影響は当年10月から本格化」という。

日本式の「自助＞共助＞公助」の社会保障では、こぼれ落ちてしまうものがある。日本にも、すでに貧困の波にのまれ、もがいている人たちがいる。JR新宿駅から池袋駅まで160円（当時）の交通費を惜しみ、炎天下に重い荷物を背負いながら食料支援を渡り歩く人たちが。

2　食品ロスと貧困支援をつなぐフードドライブとは

†郵便配達員が活躍する仕組み

米国には春になると届く葉書がある。スタンプアウト・ハンガーの日が近いことを知らせる葉書だ。

スタンプアウト・ハンガーは、1993年から郵便配達員の集まりであるNALC（全米郵便配達員組合）が全国規模でつづけているフードドライブだ。毎年5月の第2土曜日に、家庭で余っている食品を袋に入れて玄関や郵便受けのそばに置いておくと、郵便配達員が回収して地域のフードバンクなどの慈善団体に届けてくれる。

2022年春、各家庭に投函された葉書。協力企業のロゴマークが並ぶ（市川文恵氏提供）

郵便屋さんの催しだけに「スタンプ（切手）」と「スタンプアウト（撲滅する）」が掛け言葉になっており、

「Stamp out Hunger」で「空腹をなくそう」という意味になる。２０２０年と２０２１年はコロナ禍のためフードドライブ自体は中止され、寄付金を受け付けるだけだったが、30周年となる２０２２年は5月14日、３年ぶりにイベントとして開催された。

筆者がこの取り組みを知ったのは、２０１１年の東日本大震災のあと、勤めていた食品会社を辞め、フードバンクの広報を手伝いはじめたころ。関係者にとってバイブル的な存在の大原悦子『フードバンクという挑戦』（２００８年）を通してだった。「なんて合理的な取り組みなんだろう」と感心したことを覚えている。

自分がたずさわるようになってわかったことだが、フードバンク活動には、食品を回収・配達するための車両や保管しておく倉庫、車両を運転したり食品を管理したりする人員が必要だ。持続的に運営していくにはそれなりの資金がいるが、事業を無償で引き受けているところも多く、資金繰りに苦しんでいるフードバンクが少なくない。

その点、郵便局には人員も車両も倉庫もある。年に一度、郵便配達員が地域の家庭をまわって余剰食品を集めるフードドライブは、すでにある資源を活《い》かした持続可能で画期的な取り組みといえる。

†貧困家庭の子に食事の機会を

米国では、地域をくまなく知る郵便配達員が、高齢者の見守りや筋ジストロフィー協会の資金集めなど、さまざまな慈善活動をおこなってきた歴史がある。そうした地域貢献活動の一環として考えられたのがスタンプアウト・ハンガーだ。初開催となった１９９３年は、郵便配達員が北はアラスカから南はフロリダまで余剰食品を回収してまわり、たった１日で１１００万ポンド（約５０００トン）もの食品を集めた。以来、イベントは全米50州の人口１万人以上の都市に広がった。２０１０年には回収された食品が10億ポンド（約45万トン）となり、90倍以上に増加した。

集まった食品を寄付する米国のフードバンクの中には、４月のイースター（復活祭）の後に食品の備蓄や資金が底をつくところが多かったため、スタンプアウト・ハンガーは５月に開催されるようになった。

それに米国では6月から学校が夏休みに入り、一日一食、学校給食だけで食べつないできた貧困家庭の子どもたちが貴重な食事の機会を失い、休暇中にやせてしまうことが多かった。スタンプアウト・ハンガーのイベントで5月のうちに食品をたくさん集めることができれば、夏休みの間、給食が食べられなくなってしまう子どもたちに、フードバンクが食品を提供できる。

ちなみに、日本にも夏休みや冬休みに学校給食が食べられなくなるとやせてしまう子どもたちがいる。厚生労働省の調査によると、日本の子どもの相対的貧困率は11・5％（2021年）。子どもの9人に1人は相対的貧困の状態にある。こうした日本の子どもたちにとって、夏休み中に開催されるフードドライブやこども食堂は、空腹を補う一助となる。

もちろん、米国もスタンプアウト・ハンガーの実施で食品ロスや貧困の問題が解決したわけではない。コロナ禍や燃料価格の高騰もあり、無料の食品を求める人の数は減っていないし、いまだに流通量の40％もの食品が廃棄されている。

こうした慈善活動を冷ややかに見ている識者もいる。米国の社会学者ジャネット・ポッペンディークは、「食料不足に苦しんでいる人を見ていると、いたたまれない気持ちになる。それを必要としている人に与えると、大きな満足感が得られる。（自分たちの満足感を得るために大勢が参加することで、米国では）飢餓との闘いが国民的娯楽になっている」と手きびしい。

慈善活動には多かれ少なかれ、他人のためというよりは自分自身が満たされるためにやるという側面があるのかもしれない。だが、他人の目にどう映ろうとも、米国でスタンプアウト・ハンガーのような全国的なイベントが30年つづき、それによって救われている人がいるという事実は素直に評価していいのではないか。

†日本での試みと、待たれる法整備

日本では、生活共同組合パルシステム千葉が、食品の配達時にお届け先の家庭で余剰食品を回収し、地域のフードバンクに寄付するという実証実験を2016年におこなっている。2300名が参加し、50キログラムの食品が集められた。以来、パルシステム千葉は定期的に配達時のフードドライブをつづけていて、2021年には6・1トンの食品をフードバンクに寄付している。

神戸市は大手スーパーのダイエーと共同で、2017年にフードドライブ推進のための実証実験を実施した。翌2018年から本格稼働へと移行したが、せっかく食品を集めても、フードバンクへ運ぶ手段が課題となっていた。2021年にサカイ引越センターが加わったことで、効率的な運搬が可能になった。日本にもこのように、いまある資源を生かして、いまできることをしようとする組織があることは、一筋の光のように思える。

ただ日本には、もし寄付した食品で事故が起こった場合にその提供者を守る法律や条例がないため、寄付にためらいを感じる人が多い。専門家は「フードバンクの盛んな国で、寄付者に対する免責制度のない国はない」と指摘している。

日本でも余剰食品を有効活用して食品ロスを減らしていくには、米国の「善きサマリア人の食品寄附法（正式名称：The Bill Emerson Good Samaritan Food Donation Act）」のような、善意からおこなった食品の寄付が原因で、もし食品事故が起こったとしても提供者の責任を問わない、という法律や条例の整備が欠かせない。

3 子どもの食と居場所はなぜ大切なのか

†「子どもはおなかが満たされれば悪いことをしない」

家庭環境に恵まれない子どもたちに食事と居場所を提供し、子どもたちから「ばっちゃん」と慕われる中本忠子《なかもとちかこ》さんからお話をうかがった。2024年に90歳の中本さんは、広島市で40年以上にわたり、300人を超える子どもたちの世話をしてきた。

中本さんは40代半ばだった1980年に保護司となった。保護司とは犯罪や非行を起こした人が更生するのを見守るボランティアだ。保護司になったばかりのころに受け持った中学2年の男子生徒には、シンナーの薬物依存があった。その子が中本さんの自宅に通うようになると、強烈なシンナー臭のため、中本さんの飼い猫までシンナー中毒になってしまったほどだ。

シンナーをやめようとしない少年にわけを聞くと「おなかがすいているから」だという。親がアルコール依存症のため家庭で食事を用意してもらえないことが多く、シンナーで空腹をまぎらわせているというのだ。それ以来、中本さんは自宅でその子に毎日ごはんをつくってあげるようになった。3週間もすると、その子はシンナーも万引きもやめ、学校に通い出すまでになった。その子が同じような境遇の少年たちを連れてくるようになり、それをきっかけに中本さんの活動がはじまった。

中本忠子さん（NPO法人「食べて語ろう会」提供）

2015年には中本さんの活動を支援するNPO法人「食べて語ろう会」が設立され、2016年には新たな拠点となる「基町《もとまち》の家」ができ、スタッフが手分けをして、子ども・成人を問わず、訪ねてくる人たちに毎日食事を提供している。

中本さんは、世間から白い目を向けられがちな非行少年たちを「自分の宝」と言い切る。「子どもはおなかを満たされれば悪いことをしない」というのが中本さんの信条だ。これまで薬物の再犯はあっても、それ以外の再犯はないという。

しかし「食」に非行少年の行動を変えるほどの力があるのだろうか。

†「食」こそ人を立ち直らせる「鍵」

食事の質が人の精神状態に影響する――そんな調査結果がある。

広島県福山市立女子短期大学の鈴木雅子教授（当時）は、1986年に広島県内の中学生1169人を対象におこなった調査から、食生活の悪い生徒の7～9割は「いらいらする」「腹が立つ」「すぐにカッとする」傾向にあると指摘している。

このような「キレる」子どもたちに共通する食事の特徴は、ビタミン、ミネラル、食物繊維が不足していることだ。ビタミンやミネラルの少ない食事や欠食をしていると脳が「栄養失調状態」となり、気分がふさいだり、いらいらしたりするなど精神面への影響が出てくる。たとえば、脳の唯一のエネルギー源であるブドウ糖は、豚肉や玄米などに多く含まれているビタミンB_1が不足すると、体内でスムーズに分解できなくなってしまうことがわかっている。

「食が満たされないことで、心と体が満たされず、その結果として起こしている行動に対しては、まずは食を満たしてあげれば子どもたちは変わってきます」というのが鈴木さんの持論だ。それはまさしく前掲の中本忠子さんが40年以上つづけてきたことそのものである。中本さんの場合、手づくりの料理を食べさせるだけでなく、一人ひとりの話を聴いてあげることで、子どもたちが安心できる居場所も提供している。子どもたちにとって中本さんは、たんにおなかを満たしてくれるだけでなく、心まで満たしてくれる存在だ。

「食」で人をいやすというと、青森県で「森のイスキア」を主宰していた故・佐藤初女《さとうはつめ》さんのことを思い出す。自殺願望など心に苦しみを抱えて訪れる人を、心のこもった手料理でもてなし、多くの人を救ってきた。

中本忠子さん、佐藤初女さん、そして鈴木雅子さんの3人は、戦中・戦後の食料難を経験した世代である。その3人がそろって、「食」こそ人を立ち直らせる「鍵」だと考えたことは興味深い。

†夏休みは「なくていい」?

2024年6月、困窮家庭と夏休みに関する興味深い調査結果が報じられた。調査を実施した認定NPO法人キッズドアによると、子育てをしている困窮家庭の保護者の6割が、夏休みは「短い方がよい」または「なくてよい」と考えているという(図3-1)。夏休みの間に子どもが家にいると、昼食を用意しなければならなかったり、エアコンを使うので光熱費もかさんだりと家庭の負担が増えるためだ。

□夏休みの長さ

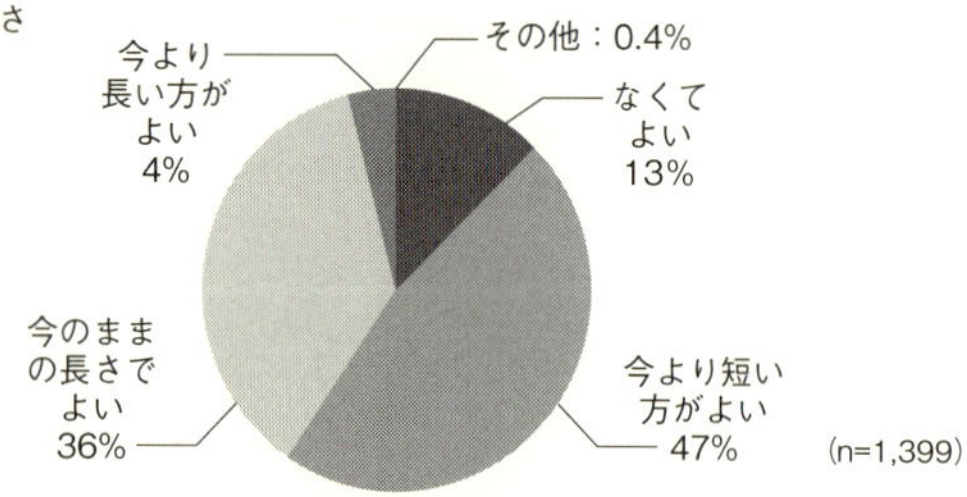

※「小学生」または「中学生」の子どもがいる保護者が対象。

□夏休みの短縮や廃止を希望する理由（複数回答、上位4項目）

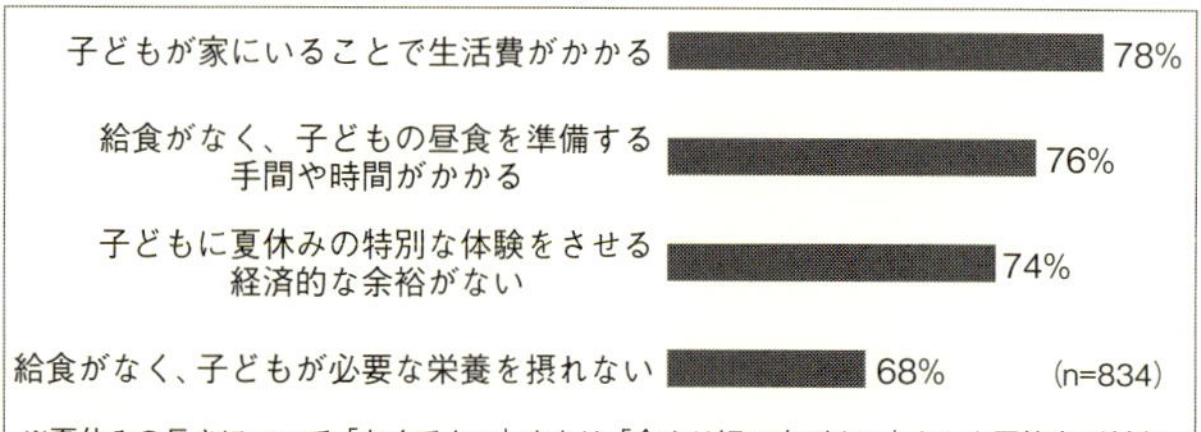

※夏休みの長さについて「なくてよい」または「今より短い方がよい」とした回答者が対象。

図3-1　夏休みについての意識調査の結果（提供：認定NPO法人キッズドア）

報道を受け、SNSには「子どものとき夏休み楽しかったろ?」「人生でいちばん楽しい時期を奪うのか?」「子どもと出かけたり旅行したりするのが唯一の楽しみなのに廃止されたら悲しすぎる」と否定的なコメントが相次いだ。おそらくこうした書き込みをした人たちには、「夏休み＝苦」と感じる家庭があるという、きびしい現実が想像できなかったのだろう。キッズドアの調査から、困窮家庭の約4〜5割は1カ月

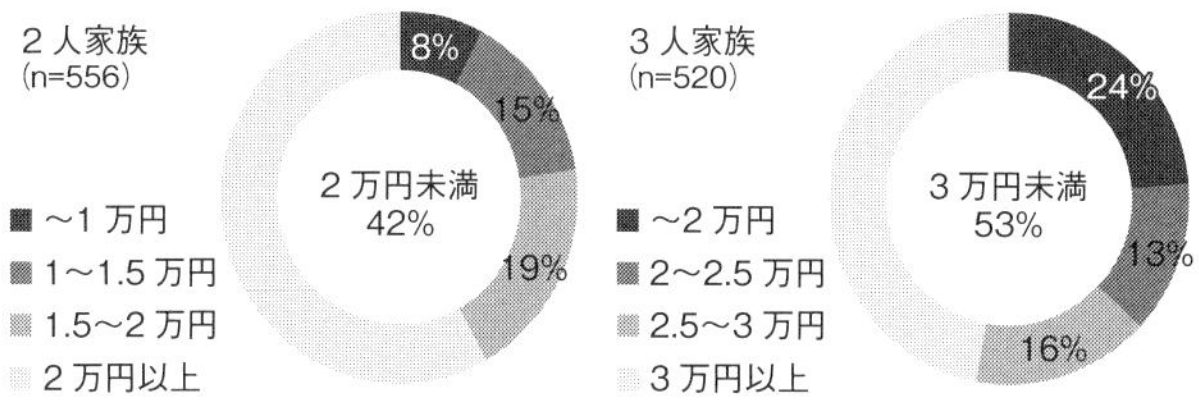

1人当たり食費が1万円／月未満＝1食当たり110円未満の家庭が5割

図3-2　家族全員の1カ月の食費（提供：認定NPO法人キッズドア）

に1人1万円未満（1食110円程度）の食費で生活していることがわかった（図3－2）。

およそ8割は、前年同期比で「（家計が）とても厳しくなった」と回答。6割近くは肉・魚や野菜の購入を控え、2割以上の家庭で子どもに3食与えることができていない（図3－3）。物価高の影響は深刻である。

子どもの貧困について話すと、「生活保護だって、フードバンクだってあるじゃないか」と反論する人がいる。しかし、生活保護やフードバンクは万能の策なのだろうか。

生活保護の問題点はその捕捉率の低さにある。保護を受けている世帯と同じかそれ以下の生活をしていても生活保護を受けていない世帯が多数ある。生活保護が必要とされる世帯のうち、じっさいに保護を受けているのは2割前後と推計されている。生活保護申請の煩雑さや審査のきびしさなどから行政の支援をあきらめてしまう人が少なくないのだ。

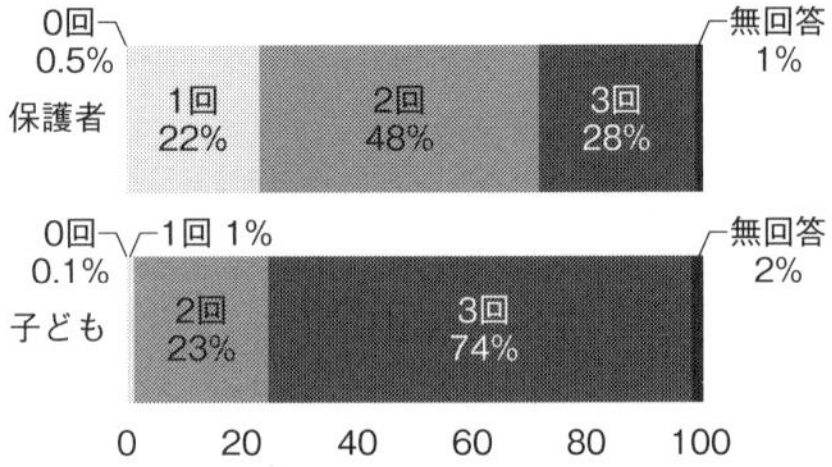

図3-3　回答前日の食事回数。n=1822（提供：認定NPO法人キッズドア）

†給食のない夏休みに子どもたちを支援する

厚生労働省によると、子どもの9人に1人は貧困状態にあり、さらに子どものいるひとり親家庭のおよそ半分は貧困状態にある（2021年）。

食品の寄付を増やすことは、そのままだと食品ロスになってしまう余剰食品を減らし、貧困家庭を支援することにつながる。しかし、あるフードバンクによると、2019年の食品ロス削減推進法施行以降、食品企業の寄贈は減少傾向にあるそうだ。食品ロスを減らす努力をすれば、余剰食品が減るのは必然だ。さらに2020年からのコロナ禍や2022年からつづく食品価格高騰のあおりを受け、フードバンクなど支援団体への食料提供はますます減っている。

貧困問題を民間まかせにせず、寄付しやすい環境づくりや社会保障制度の見直しを含め、国の施策が欠かせない。子どもは「みんなの宝」「日本の未来」、そして「食はいのちなり」である。

学校給食のない夏休みに子どもたちを支援する民間の活動には以下のようなものがある。

特定非営利活動法人食べて語ろう会　https://tabetekataroukai.wordpress.com/お問い合わせ/

認定ＮＰＯ法人おてらおやつクラブ　https://otera-oyatsu.club/summer2024/

認定ＮＰＯ法人キッズドア　https://congrant.com/project/kidsdoor/11823

認定ＮＰＯ法人グッドネーバーズ・ジャパン　https://www.gnjp.org/reports/detail/gg_20240709/

一般社団法人全国フードバンク推進協議会　https://www.fb-kyougikai.net/kodomoouenproject-7

第4章　ごみ政策と食品ロスの切っても切れない関係

1　減らすポイントは「量る」こと

　2022年9月、ニューヨークで開催された食品ロス削減の国際会議に颯爽《さっそう》と登壇した女性がいた。スウェーデンの家具チェーン企業イケア（IKEA）の最高サステイナビリティ責任者、カレン・フルグ氏だ。

　イケアは2017年に、「店舗に併設されたレストランからの食品ロスを50％削減させる」という目標を掲げた。かなり高い目標だったにもかかわらず、2021年には達成しており、企業による食品ロス削減の成功事例を共有するために参加していた。

　ここで注目すべきは、日本の企業であればSDGs12・3のターゲットに合わせて「2030年までに食品ロスを半減させる」という目標を立てるところ、イケアは、わずか数年で食品ロスを半減させるという目標にし、実現したことである。よほどの自信と熱意がなければ、立てられない目標である。

食品ロス削減、AIツールが導く

実はこの取り組みには「立役者」がいた。イケアによる食品ロス半減の取り組みを加速させ、実現に導いた立役者は、英企業Winnow Solutions社（ウィノウソリューションズ、以下ウィノウ社）のAIツール「Winnow Vision（ウィノウビジョン、以下ウィノウ）」だ。

ウィノウは、飲食店やホテルなどの外食産業の厨房で発生する廃棄食材や、客が食べ残した残飯の量を計測し、分析するAIツールである。厨房のごみ箱にはカメラと秤《はかり》がついており、余った食材や食べ残しの重さを量ると同時に、AI（人工知能）が画像を認識し、捨てられた料理の種類と食材を自動的に分析し、データ化してくれる。

ある食材を「何キログラム」捨てたといってもあまりピンとこないが、「何万円捨てた」というと「もったいない」「無駄を減らさなければ」と思うものだ。そこでウィノウは、食品ロスが日ごと、月ごとにどのくらいの経済損失を起こしているのかをコスト換算し、リアルタイムで「見える化」してくれるようになっている。

カレン・フルグ氏は、イケアが食品ロスを半減できた理由として、ウィノウ導入後に食品ロス量や成功事例を店舗間で共有し、削減量を競わせたことをあげている。「量ること」「見える化」「モチベーション」が同社にとって食品ロス削減の鍵だったことがわかる。そしてそれを可能にしたのがウィノウだ。オランダのアイントホーフェンにあるイケアの店舗ではたった1年間で4万8000食、10万930ユーロ（約1393万円）相当の食品ロスを減らしたという。

ウィノウはこれまでに世界70カ国以上で導入され、2017年以降、世界で合計3700万ドル（約48億6300万円）相当の食品ロス削減を実現し、平均で年間2〜8％程度コストを削減した実績を残している（2023年7月末時点）。

†導入の広がり、日本でも

2018年、ウィノウは日本にも導入され、主にヒルトンやインターコンチネンタルなどの外資系ホテルで使われている。東京湾に面したヒルトン東京ベイは、日本で最初にウィノウを導入した企業で、2018年から2023年7月末までの間に、ホテルのレストランから発生する食品ロスを50％以上削減しているという。

ウィノウ社アジア太平洋地区マネージング・ディレクターのブラッド・ウェラー氏によると、ホテルの中でもレストランの厨房はもっともデジタル化の遅れている部門だ。目に見える成果を出している同社のＡＩツールだが、どの国でもベテランのシェフほど最新テクノロジーに対する警戒心が強く、導入に向けた交渉がむずかしいという。

他にも日本国内の12店舗で年間１２００万人以上に料理を提供するイケア・ジャパンがウィノウを導入し、２０１８年６月から２０２２年７月までの４年間で食品ロスを62％削減している。これはすなわち17万３４０９食分相当（1食４００グラム換算）を節約し、二酸化炭素排出量を２９８トン削減したことになる。

最近では、国内のコントラクト・フードサービス（食事を提供する企業が、他企業の食堂の運営を委託されておこなう給食事業のこと）でもウィノウの利用がはじまっている。ウェラー氏は「食品ロスを削減する最大のチャンスは、ホテルやコントラクト・フードサービスにある」と語っている。

ウィノウと同じような食品ロス削減用のＡＩツールを提供する米企業Leanpath（リーンパス）は、大手ホテルチェーンのリッツ・カールトン・ペンタゴンシティと組んで、２０１６年比で食品ロスを54％削減している。

†量るだけで2割、プラスアルファで4割減らせる

食品ロスを減らす具体的な方法はいくつかあるが、その中でも特に成果を出しているの

が「量ること」と「見える化」であることは間違いないだろう。体重と同様に、食品ロスも「量る」ことが重要なのだ。

それは2019年に徳島県でおこなわれた実証実験からもわかる。モニター家庭に4週間、食品ロスの計量とその記録をしてもらったところ、1世帯あたりの食品ロスの量は実験前半2週間の1009・7グラムに対して、実験後半の2週間では775・3グラムと23・2%削減できていた。つまり、「食品ロスは、量るだけで23%減らせる」ということである。

またこの実証実験では、別のモニター家庭に計量と記録に加えて、「使い切れる分だけ買う」「家にある食材をチェックする」など、その他の取り組みもしてもらったところ、1世帯あたりの食品ロス量は実験前半2週間の1182グラムに対して、実験後半2週間では711・5グラムと39・8%削減したという。

つまり、「食品ロスは、量るプラスアルファの取り組みで約40%減らすことができる」ということだ。

†一般ごみを「半減」させた京都市

食品ロスを「量ること」と「見える化」することの継続で、成果を残してきたのが京都

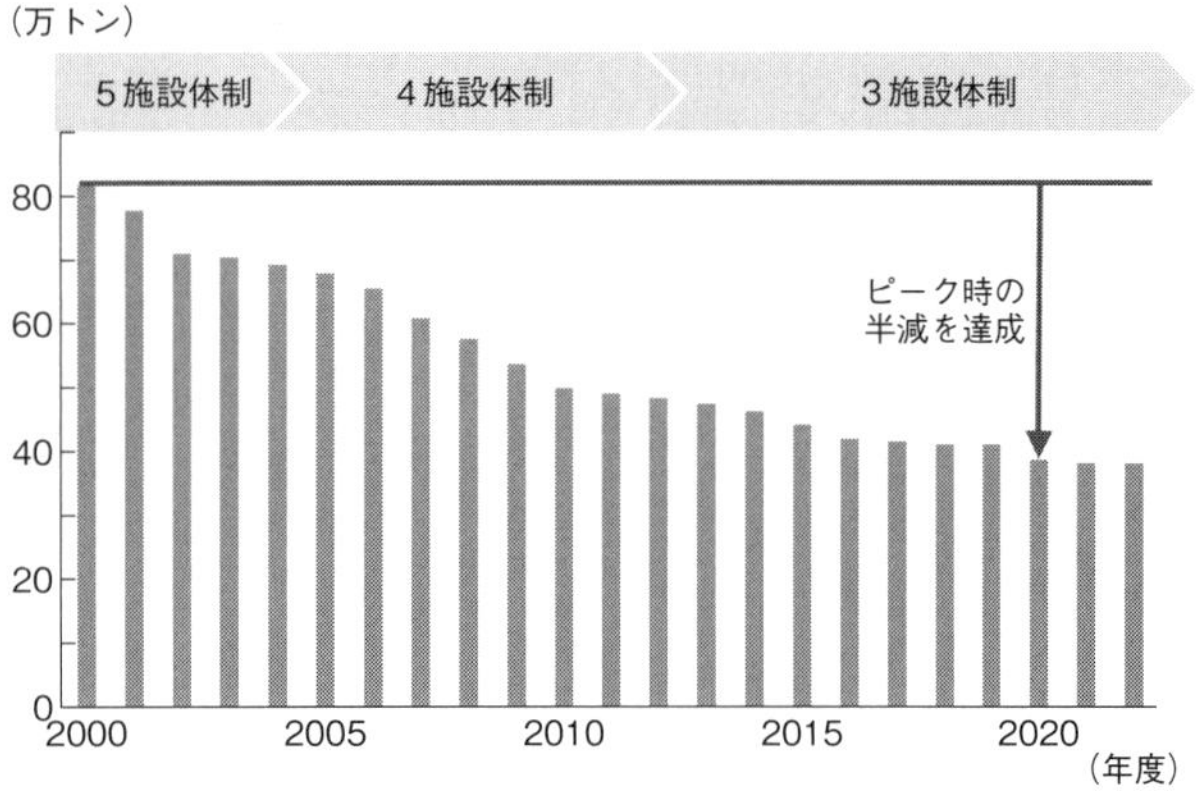

図4-1　京都市のごみ量の推移（京都市のデータをもとに作成）

市だ。

同市は、食品ロス削減を一般ごみ削減の大きな柱と位置づけ、ピーク時からおおむね半減させる数値目標を全国ではじめて設定した自治体である。そして実際に2000年度に9・6万トンあった食品ロス量を2021年度には5・5万トンまで削減している。これも「量ること」と「見える化」の継続が食品ロス削減の成果に結びついたという実例である。

また京都市は、「しまつのこころ条例」制定などの総合的なごみ政策により、2000年に82万トン発生していたごみを20年かけて半減させ（図4-1）、2000年に5カ所で稼働していたごみ焼却施設を3カ所に集約し、年間138億円のコスト削減に成功している。

これは長年サスティナビリティ（持続可能性）

の啓発活動をつづけている株式会社ワンプラネット・カフェのペオ・エクベリさんの言葉だが、「量らないのは体重計のないダイエットと同じ。サステイナビリティのためには、絶対に量らないと」ということだ。量ることは、立ち位置を確認してゴールを設定し、意識と行動を変え、着実に成果につなげていくことなのだ。

2 ごみゼロを実践する町

†日本ではじめて「ゼロ・ウェイスト宣言」

徳島県上勝町《かみかつちょう》は、人口約1450人（2022年）と四国でいちばん人口が少ない、山あいの静かな町だ。2003年に日本で初めて「ゼロ・ウェイスト宣言」をし、2018年には「SDGs未来都市」に選ばれている。「ゼロ・ウェイスト」とは、ごみゼロを意味し、ごみを出さない社会を目指すことだ。

この上勝町に、クラフトビールを醸造して提供するRISE & WIN Brewing Co.（ライズ・アンド・ウィン・ブルーイングカンパニー、以下RISE & WIN）がある。「クラフトビール」は、大手メーカーが大量生産するビールとは異なり、小規模な醸造所でつくられる個性豊かなビールのことだ。社名のRISEは「上る」、WINは「勝つ」で、町名に由来する。

†規格外農産物を活かし廃棄物も出ないクラフトビール

RISE & WINでは、クラフトビールの原料として、大麦のほかにも、町のゼロ・ウェイストのコンセプトに合うものを使う。たとえば、白ビールには特産の柚香《ゆこう》というかんきつの搾汁後の皮を香りづけに使い、黒ビールには規格外の鳴門金時芋を使うといった具合だ。

他企業と協業して売上の一部を国際NGOに寄付する「ドネーションビール」や、国の重要無形民俗文化財に登録された特産の乳酸発酵茶「上勝阿波晩茶」を使ったIPA（インディアペールエール）といった個性的なものもある。容器を持参すれば量り売りもしてもらえる。

特筆すべきは「reRise Beer（リライズビール）」と名付けられた特別なビール（複数種類を不定期で販売）。と言っても、同社にとっては特別なものではなく、出すべくして出したビールと言えるのかもしれない。

ビールの醸造の過程で大量に出るモルトかすや廃液（酵母やホップの残りかすなど）の処理は、どの醸造所にとっても悩みの種だが、ゼロ・ウェイストをコンセプトにした醸造所

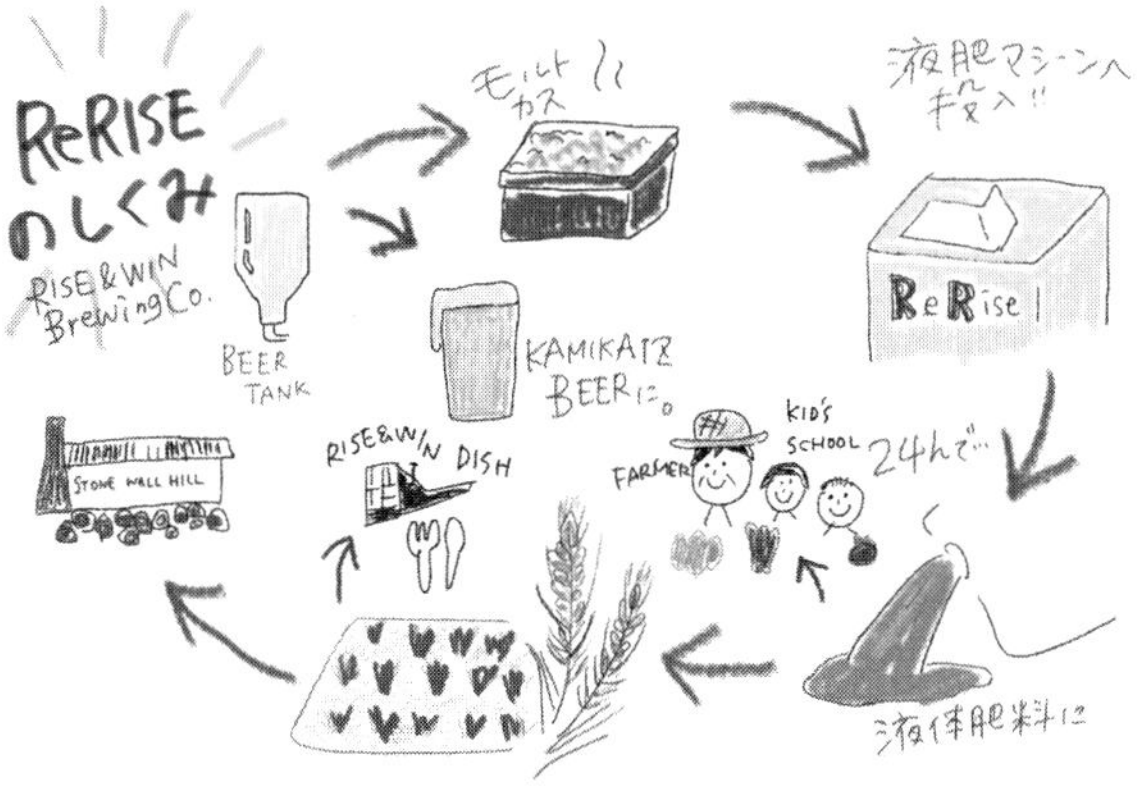

循環型農業イメージ（池添亜希さん提供）

にとってはなおさらだ。同社の場合、モルトかすが年に20トンは発生する。試行錯誤の末、モルトかすを、微生物の力を借りて発酵・分解させ、廃液と共に液体肥料（液肥）にすることに活路を見いだした。

　しかし、せっかく液肥にしても、使いみちがなければゼロ・ウェイストにはならない。できた液肥を活用するため、２０２１年秋からRISE & WINでは、店長の池添亜希さんが中心となって「循環型農業」をはじめた。畑に液肥をまいて、ビールの原料となる大麦や、店でお客さんに出すランチの野菜を有機栽培することにしたのだ。それまで廃棄されていたモルトかすでつくった液肥で大麦を育て、収穫された大麦から新しいビールを醸造する。まさしく「循環」である。

この液肥をまくと、作物に害虫が寄り付かず、育てられた作物の甘味が増すという。同社では上勝町内で農作業をおこなう町民に無償で配布する取り組みもおこなう。

食品ロスになってしまう売れ残りのパンや、廃棄間近の備蓄食料を引き取ってクラフトビールにアップサイクルする醸造所や、モルトかすをキノコ栽培の培地などにリサイクルする醸造所はあっても、モルトかすを肥料に大麦を育て、その大麦からビールをつくるという「循環型農業」まで手がける醸造所は極めて少ないだろう。

†上勝の暮らしを模擬体験できるホテル

そんな稀有な醸造所 RISE & WIN が生まれたのは、2015年5月30日（ごみゼロの日）。そのちょうど5年後、上勝町ゼロ・ウェイストセンターに創業したのが HOTEL WHY（ホテル・ホワイ）だ。

「ゼロ・ウェイストアクション」をコンセプトにしたホテルだけあって、HOTEL WHYでは能動的なアクション（行動）が求められる。まず、チェックインのときにフロントで「コーヒーとお茶を何杯飲みますか？」と質問され、めんくらうことになる。

え？　わたしはここに滞在する間に、いったい何杯コーヒーを飲むんだろう？

コーヒーやお茶だけではない。洗面所に置くせっけんについても、必要量を伝えて量り分けてもらうようになっている。アメニティや飲料類はホテルの部屋やロビーにあって好きなだけ利用できるという思い込みが打ち砕かれ、自身の何げない行動を顧みることになる。ゼロ・ウェイストの町に滞在するための通過儀礼かもしれない。滞在中に出るごみは、部屋に用意された小さなごみ箱で6種類に分別する。

宿泊客は、上勝町のゼロ・ウェイストの歴史についてスタッフが解説する「STUDY WHY」に参加し、滞在中に出たごみを上勝ではどのようにリサイクルするのかを体験することもできる。上勝の暮らしを模擬体験することで、ごみについて考えるきっかけになるように工夫されている。

筆者がごみステーションに洗った食品包装を持参し、分別に悩んでいると、HOTEL WHYで運営・管理を担当する大塚桃奈さんが「ここでは濡れたプラスチック包装は洗濯物のようにハンガーに干すんです」と教えてくれた。

†ごみ収集車が走らない町

上勝町にはごみ収集車がない。町民や事業者は、町内に1カ所だけのごみステーションにごみを運び込み、自ら45種類に分別する（2022年9月の取材当時）。古紙だけで9種類の分別だ（同前）。ここに生ごみは含まれない。各家庭で堆肥化されているからである。

それぞれのカゴには、そのごみが資源としていくらの利益を生むのか、処理にいくらかかるのかが、行き先とともに記載されている（以下、資源先と処理価格は2022年9月の取材当時のもの）。たとえば、紙パック（白）は10円／キログラムで売られ、徳島市で再生紙になる。白トレイは0・53円／キログラムかけて広島県でリサイクルされ、茶色のびんは0・864円／キログラムかけて徳島市で再び茶色のびんに生まれかわる。特に費用がかかるのは徳島市で焼却・埋立処理される、おむつや生理用品など「どうしても燃やさなければならないもの」で、61円／キログラム。

上勝町では持ち込まれるごみの80％は資源として再利用されているが、意外とリサイクルにお金がかかっていることに驚かされる。2022年4月に施行された「プラスチック資源循環促進法」で、自治体のリサイクルが努力義務とされたプラスチック製容器包装でさえ、リサイクルするのに0・53円／キログラムの費用がかかる。

上勝町はごみを資源としてリサイクルすることで利益を出しているが、全体的にみれば黒字ではない。2019年には資源ごみの販売で約180万円の利益を上げているが、ごみ処理費として約680万円（リサイクル費用の300万円を含む）を支出しており、支出の方が500万円多い。ただし、ごみを資源化せず、焼却・埋立処分をした場合は経費が約2・5倍（約1700万円）かかるとのこと。さすがに黒字化はできていないものの、ごみを焼却処分して済ませている多くの自治体に比べれば、上勝町はごみ処理費を大幅に抑えているといえるだろう。

3　ごみ焼却率ワースト1の日本

†水分80％の「燃やせるごみ」？

2021年秋に英国グラスゴーで開催された国連気候変動枠組条約締約国会議（COP26）の期間中に、日本はまた「化石賞」に選ばれた。気候変動対策に消極的な国に贈られる不名誉な賞である。

登壇した岸田文雄首相（当時）が、途上国向けの気候変動対策として最大100億ドルの追加支援をおこなうことを表明したにもかかわらず、今回焦点とされていた石炭火力からの撤退については言及せず、逆に既存の火力発電をアンモニアや水素を利用して二酸化炭素の排出を抑えて活用すると表明したことが後ろ向きと評価された。

同じように日本が後ろ向きととらえられていることに「生ごみ政策」がある。

日本では1960年代から70年代にかけて全国の自治体でごみ焼却施設の建設が進めら

れた。ごみを焼却するのは「国土面積がせまいこと」と「衛生面を考慮して」とされている（武田信生、２００６年）。２０２４年3月に環境省が発表したデータによると、日本のごみ焼却施設の数は１０１６。他国に比べ、けた違いに多く、２００８年のＯＥＣＤのデータによれば、世界の焼却炉の半分以上は日本にあるという。焼却処分の割合を示す「ごみ焼却率」は約80％でＯＥＣＤ加盟国ワースト１位。また、日本の一般ごみ処理事業経費は２兆１５１９億円（２０２２年度）と厖大《ぼうだい》である。

一般的に「燃やせるごみ」の40％は生ごみだ。そして生ごみの重量の80％は水分。「燃やしにくいごみ」と言う方が適切だ。そのため自治体によっては、せっかく分別回収したプラごみを燃焼剤代わりに加えて炉の温度を上げているところもある。日本は生ごみを燃やすことで気候変動に加担しているのだ。

ごみは各自治体の条例で細かく分別回収されているので、私たちは日本のリサイクル率は高いと思いがちだが、生ごみを燃やしているため、他のＯＥＣＤ諸国にリサイクル率で差をつけられている。

†韓国の先進的な生ごみリサイクル

おとなりの国、韓国はどうしているのだろう。

韓国の国土面積は日本の約4分の1と、さらにせまい国である。ところが、廃棄物全体に対する焼却処理されるごみの割合であるごみ焼却率をみると、日本の約80%に対して韓国は3分の1（25%）以下だ。さらに日本のごみのリサイクル（＋コンポスト。堆肥化すること。後述）率が20%未満なのに対し、韓国は約60%と3倍も高い。これはOECD加盟国の中でもドイツに次いで2番目に高いリサイクル率である（OECD2013年または最新データより）。

韓国の「スマートコンポスト」（筆者撮影）

韓国は1990年代からごみ問題に取り組んできた。1992年に資源の節約とリサイクル促進に関する法律が制定され、早くから準備を進めた自治体では1997年には生ごみの分別が義務化された。また、2005年にはごみの埋め立てが禁止された。さらに、2011年からは重量計と自動認識技術RFIDを装備した「スマートコンポスト」の設置がはじまり、2013年には小規模飲食店と一般家庭にも生ごみの従量課金制を導入した。その結果、韓国の家庭ごみのリサイクル率は86%にまで上昇した。

「従量課金制」とは、量に応じて利用者に課金される料金体系のこと。韓国では捨てる生ごみの重量が重ければ重いほど料金が高くなり、少ないほど安くなる。その結果、少しでも料金を安くしようと、生ごみの水分をしぼる、生ごみを出さないように気をつけるなどの行動変容が起こった。

「スマートコンポスト」は24時間いつでも使え、カードをかざして生ごみを投入すると計量され、月極でカード決済される仕組みだ。ソウル市では導入後6年間で、市内の生ごみを4万7000トンも削減できたという。

韓国は、生ごみの分別回収に20年以上も前から取り組み、現在では食品廃棄物のリサイクル率に限ると98％を達成している。この98％という実績は、取り組み開始前のリサイクル率が2％だったことを考えると驚異的である。世界の注目を集めているのもうなずける。

ともに国土のせまい日本と韓国だが、日本ではごみを焼却し、韓国では資源化させるというように異なった政策を推し進めてきたことになる。

廃棄物行政に詳しい東洋大学名誉教授の山谷修作氏によれば、韓国でこれほど生ごみの資源化が進んだのには、大きくふたつの理由があるという。

ひとつは「1990年代に入って、生ごみの埋め立てによる悪臭や地下水汚染などのごみ問題が生じ、国は焼却処理を計画したが、ごみを焼却すると有害物質が排出されるという不安もあり、市民団体から激しい抵抗を受けた」こと。

もうひとつは「1997年末から98年にかけて韓国の通貨危機でウォンが暴落し、海外からの輸入に依存していた飼料や肥料の価格が高騰して農家が大打撃を受けたため、農家の支援対策が必要とされた」ことだ。

つまり、生ごみを資源化することは、
1．ごみ問題を解決して環境負荷を軽減すること
2．飼料や肥料の自給率向上
につながり、韓国にとってまさに一石二鳥の政策だったのだ。

韓国で分別回収された生ごみは、主に堆肥（30％）、動物飼料（60％）、バイオ燃料（10％）の三つにリサイクルされる。関係者によると、韓国の飼料化プラントでは、持込料として1トンあたり10万ウォン（1キログラムあたり100ウォン）の処理費用を徴収し、できたエコフィード（食品残渣《ざんさ》などからつくられる飼料）を畜産・酪農農家に1キログラムあたり270〜300ウォンで販売し、両方で1キログラムあたり合計400ウォン（約41円）の料金を徴収するので事業としての採算性が高いとのこと。ただし牛骨粉や動物性た

んぱく質、油分、塩分の含まれた生ごみは動物飼料には向かないとされ、韓国で家庭から出る生ごみをどのように飼料化しているかについては今後調査したい。

海外に依存する飼料や肥料の高騰に農家が苦しむ構図は、どこか既視感がないだろうか。そう、ロシアによるウクライナ軍事侵攻や記録的な円安による飼料・肥料価格の高騰で、農家が廃業危機に追い込まれている、まさにいまの日本の状況に酷似している。

しかし日本では、有事を見据えて飼料・肥料の国産比率を高めようとはしているものの、韓国のように生ごみの資源化に舵を切ろうという姿勢はうかがえない。むしろ下水汚泥の資源化が取り上げられているようだ。

†日本の自治体の実践例

発酵学の第一人者である東京農業大学名誉教授の小泉武夫氏は、「生ごみは宝」「生ごみは資源」と呼びかけ、生ごみを燃やすのではなく、発酵させて堆肥にする方法を提唱している。日本の自治体には、生ごみを分別回収し、資源として活用しているところがある。その方法のひとつが「コンポスト」である。コンポストとは、落ち葉や生ごみなどを土に混ぜ、土の中のミミズに食べて分解してもらったり、微生物に発酵・分解してもらったりして、植物が栄養を吸収しやすい堆肥にすることだ。

福井県池田町はそんな自治体のひとつである。人口2400人（2021年）ほどで、四方を森にかこまれたこの町では、家庭から出る生ごみは、週に3回、ボランティアによって回収されている。

集められた生ごみは、牛ふんともみ殻をまぜて発酵させ、堆肥にする。できた完熟堆肥は「土魂壌《どこんじょう》」という商品名で販売され、無農薬・無化学肥料の野菜づくりや有機米の栽培に使われている。この堆肥で育てられた野菜や有機米は、町内だけでなく、福井市内などでも販売されている。

ゼロウェイスト（ごみゼロ）で知られる福岡県大木町では、分別回収した生ごみを発酵させて液体肥料にし、それを農地に還元して野菜などを育て、地元の学校給食に使っている。給食で出る生ごみは再び集められ……と「リサイクルループ」をまわしている。大木町が生ごみの分別回収・資源化で削減できたコストは年間3000万円に上り、その費用は町民ホールや図書館の建設に有効活用されている。

長野県の須坂市や上田市、飯田市などの自治体は、生ごみを自宅で堆肥や飼料として活用している住民に向け、「生ごみ出しません袋」を枚数限定で提供している。これは、生ごみ以外の燃やせるごみ専用のごみ袋である。通常の「可燃ごみ用」の袋は、回収・焼却処理費用が上乗せされた価格で買わなくてはならないが、「生ごみ出しません袋」は無料でもらえる。生ごみを自家処理するメリットがわかりやすいごみ政策といえる。

確かに生ごみの分別は手間だが、地域にメリットがあることがわかれば、住民は協力してくれるものだ。

それでも日本国内の家庭から出る生ごみリサイクル率は7％程度と低く、100％近い韓国との差は歴然としている。国のごみ政策の違いで、これほど大きな差になるというよい例である。

†焼却場リフォーム前に考えてほしいこと

環境先進国スウェーデンのマルメ市では、市営の病院、学校、交通機関などで使うエネルギーをすでに100％再生可能エネルギーに転換しており、バナナの皮やコーヒーかすなど食品の不可食部からつくられたバイオ燃料で市バスが走っている。

廃棄物業界には「分ければ資源・混ぜればごみ」という標語がある。環境先進国で普及しつつある「循環型経済（サーキュラーエコノミー）」とは、捨てるものがない自然界にならい、これまで捨てていたものを資源として循環させていく経済モデルである。日本でも、これまで燃やしてきた生ごみを資源として活用することで、廃棄物の処理コストや二酸化炭素の排出量を大幅に削減できるはずだ。

戦争、原発、東京五輪・パラリンピックの例をあげるまでもなく、日本では一度動き出したものを止めるのは容易なことではない。ごみ焼却施設についても、各自治体がすでにかなりの資金を投入しており、見直すのは簡単ではない。しかし、老朽化したごみ焼却施設をどうするか話し合うときには、生ごみの分別回収と資源化についても、海外の先進事例を参考にしながら真剣に考えることが、気候変動対策としても急務である。

4 分ければ資源・混ぜればごみ

先日、フィリピンの人と話をしていて、待ち合わせが話題になった。何ごとにものんびりとしたフィリピンでは、約束の時間に30分遅れることは「フィリピノタイム」と呼ばれ許容範囲だ。「日本人は時間にきびしいね」と彼女は苦笑していた。

しかし、日本人は本当に時間を守る国民だろうか。たとえば、企業や大学の会議は定刻にはじまっても定刻に終わることはまれだ。勤務時間についても、遅刻にはきびしいくせに、終業時間にはルーズだ。それは日本の労働生産性が半世紀以上、G7で最下位に甘んじていることと無関係ではないだろう。はじめだけきっちりしていて、終わりがおろそかになりがちなのは日本人の国民性だろうか。日本の大学は、入学するのはむずかしいが、卒業するのは楽だというのはよく聞く話だ。

†日本のごみ政策の「不都合な真実」

ごみについても同じ。日頃私たちは家庭でも職場でも、ごみをかなり細かく分別している。それなのに日本のリサイクル（＋コンポスト）率はたったの19％と、OECD加盟国の平均34％と比較してもかなり見劣りする。

この不都合な真実は日本のごみ政策と密接に関わっている。先ほど第3節でも述べたように、一般的に日本の「燃やせるごみ」の40％は厨芥《ちゆうかい》類と呼ばれる生ごみである。この生ごみを「燃やせるごみ」として処理していることが主な原因だ。

これも既出ではあるが、環境省が毎年3月末に発表している一般廃棄物の年間処理コストは2兆1519億円（2022年）。言うまでもないが、この膨大なコストは国民の税金でまかなわれている。ごみ処理施設の維持費も含まれているため、すべてが焼却費というわけではない。だが、一般廃棄物の40％は生ごみなのだから、単純計算で8600億円程度が生ごみの処理にあてられていることになる。

前節でみた韓国の例では、生ごみの98％はリサイクルされ、主に堆肥、動物飼料、バイオ燃料にリサイクルされていた。日本で8600億円もの税金をかけて焼却されている生ごみが、韓国では資源として扱われているのだ。

†都市部でのコンポスト普及を進める渋谷区

とはいえ、日本の自治体にも生ごみをリサイクルしているところはある。前節では生ごみをリサイクルする地方の自治体の例を紹介したが、都市部ではどうか。東京のような大都市にも、生ごみの減量化に取り組んでいる自治体はある。東京都渋谷区は、2021年より生ごみリサイクルの実証実験をつづけている。

渋谷区では年間約5万トンの生ごみが出る。この生ごみを、焼却するのでなく、微生物の力を借りて分解させたらどうなるかという実験だ。天板のソーラーパネルで発電した電気を使いスマートコンポストの筐体内《きょうたいない》の土を自動攪拌《かくはん》し、住民の投入した生ごみを土の中に含まれる微生物に分解してもらう仕組みになっている。スマートコンポスト1台で生ごみを一日あたり5キログラムほど処理することができる。

一般的なコンポストだと、投入する生ごみの半分程度の堆肥が生成される。地方なら農地などで活用できるが、都市部ではそもそも堆肥の使いみちや受け入れ先が少ない。だが渋谷区が実証実験をおこなう微生物群「コムハム」なら、使いみちのない堆肥をつくらずに生ごみの98%を水と二酸化炭素に分解することが可能だ。また発生する水は微生物の分解熱で気化し、筐体内にたまらず排気されるため、コンポストにつきものの排水処理は不要だという。

しかし、仮に渋谷区で出される生ごみ5万トンすべてを微生物で分解処理しても、投入された生ごみの2~3%、およそ1000トンは堆肥として残ってしまう。

1000トンの堆肥を消費するには25ヘクタールの農地が必要となる。だが渋谷区には農地はほとんどない。渋谷区内でこの量の堆肥を消費するには緑道や公園などの緑地に撒くのが現実的な打開策だろう。

ちなみに渋谷区には、明治神宮（約70ヘクタール）や代々木公園（約54ヘクタール）のほか、区立公園（玉川上水など緑道含む）が120カ所（約17ヘクタール）ある。じっさいに公園などの緑地に施肥するには、日本人の衛生観念の高さや都市部でのコンポストの普及率を考えるとハードルは高いかもしれない。

地方の自治体であれば別だが、都市部での生ごみの分別回収には、どうしてもアウトプットの課題が残る。それでは最近生ごみの分別回収をはじめた、世界を代表する大都市ニューヨーク市（834万人）では、生ごみにどのような使いみちを用意しているのか。

†ニューヨーク市の取り組み

長年、韓国の生ごみ政策について研究してきた米国のニューヨーク市では、2023年6月8日に「ゼロ・ウェイスト法」が可決された。同市では、毎日排出される1万1000トンの一般ごみの約3分の1を有機ごみが占めており、埋立地で二酸化炭素の28倍以上の温室効果があるといわれるメタンガスを放出することが問題になっていたためだ。そこで生ごみや庭ごみ（落ち葉、剪定《せんてい》枝）などの有機ごみの分別回収するプログラムを段階的に導入し、2024年10月までに全市で展開することにした。

ニューヨーク市の「スマートコンポスト」（向かって左端のもの。筆者撮影）

　ニューヨーク市は、マンハッタンからイースト川をはさんで対岸の緑豊かなクイーンズの住宅地で、2022年10月から先行的に生ごみと庭ごみの道路脇回収をはじめた。市衛生局に申請すると、専用の茶色いごみ箱が設置してもらえる。クイーンズでは導入後3カ月でおよそ5760トンの有機ごみが回収されたという。

　また、市衛生局への事前申請なしに利用できるのが、マンハッタンの街角で見かけるオレンジのすっきりとしたデザインの「スマートコンポスト」だ。こちらはスマートフォンにアプリをダウンロードすれば、誰でも24時間利用可能だ。捨てていいのは、食べ残しなど生ごみ、食べ物で汚れた紙類、落ち葉などの有機ごみ。

このスマートコンポストは２０２２年末に市内２７５カ所に設置されたという。筆者が取材した２０２３年９月にはさらに増設されていた。設置場所は、公園や飲食店、学校の前など人が多く集まる場所を選んでいるようだった。

専用のアプリはスマホのＧＰＳと連動していて、ニューヨークの地図上に自分の位置とスマートコンポストの設置場所が表示されるようになっている。スマートコンポストの容量はアプリ上で色分けされている。緑なら「余裕あり」、茶色は「もうすぐいっぱい」、赤は「満杯」だ。

スマートコンポストは、筐体上部に太陽光発電のパネルがついていて、発電された再生可能エネルギーで駆動する仕組みになっている。アプリを操作して、ふたを開けて中をのぞいてみると、生分解性のうす緑色の袋に入れて捨てている人もいれば、飲食店で提供される普通のビニール袋に入れて捨てている人もいる。ふたに玉ねぎの皮がへばりついているものもあったが、ふたが閉まっていれば生ごみのにおいは気にならなかった。

都市部で生ごみを扱う場合、気になるのはにおいだ。その点、渋谷区で実証実験をしていたスマートコンポストも、韓国のスマートコンポストも——季節や生ごみの投入量に左右されるとは思うが——においは気にならなかったことをつけくわえておく。

道路脇やスマートコンポストから回収された有機ごみは、ブルックリンにある下水処理施設かスタテン島の堆肥化施設に送られる。下水処理施設に送られた有機ごみは、メタンガスとなって発電に利用され、施設内で使われる電気になっている。また、周辺地域のおよそ2500世帯に天然ガスとして供給されている。スタテン島に送られたものは堆肥化され、造園業者向けに販売されるほか、市内の公園や学校、教会、コミュニティガーデンなどに無償提供されている。

大都市で問題となる生ごみ・有機ごみ分別回収のアウトプットは「再生可能エネルギー」と「堆肥」——これがニューヨーク市がたどり着いた答えだった。

†終わりよければすべてよし

「人新世」の地球沸騰化時代には、時代に合ったごみ政策が必要だ。これまで生ごみの分別回収というと、地方だからできること、という意見が多かった。しかし、ニューヨークやソウルなどの大都市が生ごみの分別回収に本気で取り組んでいるいま、日本の都市にできない理由とは何なのかが逆に問われている。

「分ければ資源　混ぜればごみ」という標語の通り、分別すれば生ごみも資源になる。生ごみを「ごみ」にしてしまっているのは人間なのだ。「終わりよければすべてよし」。わたしたち日本人は、もう一度この言葉をかみしめてみるべきかもしれない。

5　捨てるのをやめてつくり出す、飼料も肥料も燃料も

廃棄されている食品から再生可能エネルギーをつくり出す――そんな事業が2023年11月、神奈川県相模原市ではじまった。

原油高、ロシアのウクライナ侵攻による食料危機に加え、記録的な円安と、養豚農家の経営コストに占める割合が6割以上といわれる飼料費が高騰する中、たくさんのエネルギーを使って海外から飼料用の穀物を輸送することはSDGsの理念に反する。

そこで、通常なら生ごみとして焼却処分されていたはずの食品を原料にしてエネルギーや飼料をつくり出し、さらにそれを地産地消できれば、輸送と焼却を省くことでふたつの工程で排出されるはずだった二酸化炭素の大幅な削減につながる。

†食品ロスのリサイクルから生まれたブランド豚

操業をはじめたのは「さがみはらバイオガスパワー株式会社」（代表取締役：高橋巧一《たかはしこういち》）。食品ロスや食品製造で出る廃液などをメタン発酵させ、発生したバイオガスで出力５２８キロワット（一般家庭約１０００戸分に相当）の発電をおこない、固定価格買取制度（ＦＩＴ）を活用して売電事業をおこなう。発酵後に残る消化液を廃熱で乾燥させて粉末状の肥料原料を製造する。

さがみはらバイオガスパワー株式会社（同社提供）

道路をはさんで向かい側にある「日本フードエコロジーセンター」も、高橋巧一社長が代表をつとめる食品リサイクル会社だ。「食品ロスに、新たな価値を」という企業理念のとおり、首都圏にある百貨店、スーパー、コンビニなどの小売や食品工場など約１８０の取引先から出る野菜くず、カットフルーツ、おにぎりのごはんやパン、麺類などの食品ロスを1日におよそ40トン受け入れ、豚の飼料に加工して、10軒ほどの契約養豚農家に提供している。

食品ロスを飼料に加工する競合企業はたくさんあるが、日本フードエコロジーセンターの強みは、食品ロスを固

上：日本フードエコロジーセンターのエコフィード（筆者撮影）
下：エコフィードの給餌風景（高橋巧一社長提供）

形飼料ではなく、液状の発酵飼料「エコフィード」に加工することにある。重量の8割が水分といわれる食品ロスを乾燥させるコストがいらないので、一般的な配合飼料と比べて販売価格を半分くらいに抑えることができるのだ。

廃棄物を原料に使うことで心配される飼料としての安全性と保存性についても、独自の熱殺菌と乳酸発酵によってしっかり確保されている。それだけでなく、契約養豚農家の豚の栄養状態や体調に合わせて、栄養素の組成をアミノ酸レベルできめ細かく調整することも可能だ。獣医師資格を持つ高橋巧一社長ならではの発想である。

このエコフィードで飼育された豚の肉は、通常の豚肉に比べ、健康にいいとされるオレイン酸の含有率が高く、コレステロール値が低いのが特徴である。食感もやわらかく、脂肪分の融点が低いので舌の上でとろける甘さが味わえる。

ブランド豚肉「優《ゆう》とん」と付加価値をつけられてスーパーや百貨店で販売されるほか、外食産業でも使われている。筆者も食べてみたが、臭みもなく、やわらかくてとても食べやすかった。

日本フードエコロジーセンターは、

- 日本の飼料自給率の向上と穀物相場に影響を受けにくい畜産経営を支援し、食料安全保障に貢献していること
- 食品ロスを原料にした飼料で飼養された豚肉をブランド化し、生産者・製造・小売・消費者を巻き込んだ継続性のあるリサイクルループを構築していること

が評価されて、2018年にジャパンSDGsアワードの最高賞「内閣総理大臣賞」を受賞している。

†食品ロス削減の到達点

同社が、牛向けではなく、豚に特化したエコフィードを製造するのには理由がある。それは牛が草食性なのに対して豚は雑食性で、しかも内臓の大きさも機能も極めて人間に近

く、人間が食べることを想定してつくられた食品を食べても、豚なら中毒を起こすリスクが低いからだ。たとえば、ペットの犬や猫に「ハンバーグをあげてはいけない」というのは、材料にタマネギが入っているためである。

ただ、豚にも限界はある。塩分を取りすぎると中毒を起こしやすくなり、脂分を取りすぎると赤身の少ない脂身だけの豚肉となり、商品価値が下がってしまう。

同社も取引先から打診されるすべての食品ロスを受け入れてきたわけではない。基本的に塩分と脂分の多い食品は断ってきた。たとえば、お惣菜などの塩分の多いもの、揚げ物などの脂っこいもの、マヨネーズ、ドレッシング、焼き肉のタレなどの調味料などだ。

だが、さがみはらバイオガスパワーが操業をはじめたことで、これまで日本フードエコロジーセンターで断ってきた塩分と脂肪分の多い食品や食品製造で出る廃液から、肥料原料と再生可能エネルギーをリサイクルすることができるようになった。

食品廃棄物の受け入れ量は、1日あたり最大で、日本フードエコロジーセンターが49トン、さがみはらバイオガスパワーが50トンの計99トン。食品ロスの「飼料化・肥料化・エネルギー化」をワンストップでこなせる、国内初の食品リサイクル施設となった。

日本では配合飼料・化学肥料・電気の価格は国の補助金があっても高止まりしているが、その飼料・肥料・電気を、「ごみ」として焼却処分されるはずだった食品ロスからつくることができる。食品ロスを削減させるリサイクルのひとつの完成形といっていいのではないか。

ただし、日本フードエコロジーセンターとさがみはらバイオガスパワーが扱うのは事業系食品ロスであり、日本の食品ロスの50％を占める家庭からの食品ロスは対象になっていない。

食品ロス、日本の食料安全保障、そして気候危機。日本フードエコロジーセンターとさがみはらバイオガスパワーの2社は、これら3つの社会課題の解決の一助となる取り組みをビジネスとして成立させようとしている。食品ロスを豚の飼料にリサイクルする事業はすでに軌道にのっている。食品ロスを再生可能エネルギーと肥料原料にリサイクルする事業はどうなるか、注目したい。

†食品業界ごとの「リサイクル率」の実情

既に述べたように、日本は年間2兆1519億円もの税金を費やして一般廃棄物を焼却処理しており、その焼却割合は約80％とOECD加盟国の中でワースト1位となっている。そこには百貨店、スーパー、コンビニなどの小売や外食産業から出る食品ロスなどの事業系一般廃棄物の処理費用も含まれている。

環境省によると、2019年度の廃棄物分野からの温室効果ガス排出量のうち、およそ76%は「廃棄物の焼却と原燃料利用に伴う二酸化炭素排出」だったという。これは、何度か言及している通り、重量の8割が水分である生ごみのような「燃やしにくいごみ」を「燃えるごみ」として焼却するために、分別回収した廃プラスチックを燃料として投入しているためである。

食品ロスのリサイクルについては、「地方だからできる」「都会では無理」という声を聞く。だが第3節で紹介したソウル市や、第4節で紹介したニューヨーク市など大都市でも生ごみの資源化は進められている。

日本では、資源としてリサイクルするより焼却する方が低コストですむため、多くの自治体や事業者は依然として焼却処理をおこなっている実情がある。

農林水産省によると、事業系食品ロスの再生利用等実施率(2021年度)は、食品製造業(97%)、食品卸売業(74%)、食品小売業(62%)、外食産業(47%)である。一般家庭から出る食品ロスのリサイクル率になると7%(環境省)と、資源としての活用がまったく進んでいないことがわかる。

リサイクル率が低い食品小売業や外食産業、そして家庭からの食品ロスの資源化を促進するためには、生ごみの分別回収・運搬、自治体の下水処理施設や焼却施設へのメタン発酵槽併設など、政策や啓発活動などの行政からの働きかけが欠かせない。食品ロスを資源化することは、資源のとぼしい日本をバイオガスや有機質肥料の生産国に変えるくらいインパクトのあることだと思うのだが。

米国のカリフォルニア州では、2022年1月、食品ロスのリユースとリサイクルを義務づける州法が施行された。新しい州法では生ごみの分別を義務化し、各自治体に生ごみを回収して堆肥やバイオガスにリサイクルさせる。州内の卸売・小売業者には、まだ食べられる余剰食品を廃棄せずに食料支援団体へ寄付することを義務化し、2024年からはホテル・飲食店・病院・学校・大規模イベント会場などにも適用された。違反者には罰金を科す。

カリフォルニア州の農地面積は2420万エーカー（約979万ヘクタール）と広大だ。大量に生産される堆肥も有機質肥料として施肥できれば簡単に解決できるはずだ。ところが、できあがった堆肥を無料で配布しても消化しきれず、堆肥の山が増えていく一方の自治体があるという。

農家にコンポストでつくられた堆肥を安心して使ってもらうためには、成分、有効性、使い方などについて客観的な評価が必要だ。どうもその設計がおろそかになっていたようなのだ。それは生ごみコンポストに取り組む行政につきものの課題といえる。それでは、どのような解決策を用意しておけばいいのだろう。

6 新たな解決策を高校生が切りひらいた事例

†「日本モデルに」長崎県の高校生たちが取り組んだこと

食品産業の持続可能な発展に向け、食品ロス削減などで実績を上げている企業・団体・個人を表彰する「食品産業もったいない大賞」（主催：食品等流通合理化促進機構、協賛：農林水産省）。2024年2月に開催された第11回で、キユーピーやファミリーマートなどの大企業を抑え、最優秀賞にあたる「農林水産大臣賞」を受賞したのは、長崎県立諫早農業高等学校の部活動、生物工学部の生徒たちだった。

取り組んだのは「食品ロスの資源化」である。長崎県の離島・対馬の家庭の生ごみでつくられた堆肥をどう活用するか、生徒たちが対馬市と対馬市民と一緒になって進めた取り組みは、「日本各地でモデルとなる大きな成果」と評価された。

食品ロスの資源化は、すでに事業化している企業や自治体もあり、特にめずらしい取り組みとも思えない。では、何が特別だったのか。

対馬市では年間総量1万132トン（2021年度）の可燃ごみが発生し、そのうち約34％は生ごみと推計されている。水分含有量の高い生ごみを含む「燃えにくい可燃ごみ」を焼却するために、市では灯油などを助燃剤に使用しており、燃料費に年間6000万円以上のコストがかかっている。また1人あたりの年間処理経費は、同じ規模の都市の平均が1万4685円なのに対し、対馬市では3万8191円とかなり割高になっており、対馬市民にとって負担となっている。

食品産業もったいない大賞「農林水産大臣賞」を受賞した長崎県立諫早農業高校の生徒たち（鎌田則幸先生提供）

そこで対馬市では、生ごみを分別回収して堆肥にする取り組みを推進。有機野菜の栽培に利用してもらい、育った有機野菜を学校給食や市の関連施設での食事に使うという資源循環計画を立てた。希望者を対象にした生ごみの分別回収がはじまったのは2012年度。つくられた堆肥は「堆《たい》ひっこ」と名付けられ、生ごみを提供してくれた市民に無償で提供されている。

†できた堆肥をどう活用するか

対馬市は、2030年に7000トンの生ごみを堆肥化するという目標を立てた。しかし、2020年の実績値は343トンにとどまり、目標の半分にも達していない状況だった。「SDGs未来都市」の対馬市にしてみれば、生ごみの資源化で成果を出したいところだが、問題はできあがった堆肥だ。今のところ「堆ひっこ」は人気で、できた分はすぐに引き取られていくが、生ごみの回収量を倍増させたとき、はたして需要はついてくるのか。生ごみからつくられた「堆ひっこ」を農家に利用してもらうためには、成分や有効性について市販肥料と比較したうえで、どんな野菜に適しているのか、施肥量や時期などの最適な使用方法について客観的な評価が必要だ。

そこで白羽の矢が立ったのが、以前から交流のあった長崎県立諫早農業高校だった。生徒たちは2020年から、生育調査、比較実験、専門家や農家との意見交換、コスト計算、経営分析、情報発信、そして普及活動に大人顔負けの行動力で取り組んできた。

「堆ひっこ」のメリットとして、まず注目したのはコスト。日本の肥料自給率は、肥料3要素と呼ばれる窒素(N)が4%、リン酸(P)が0%、カリウム(K)が0%と、ほぼすべてを輸入に依存しているのが現状だ。ロシアによるウクライナ侵攻で価格が高騰し、生徒たちの聞き取りでは肥料購入費だけで年間160万円のコスト増となった農家もあったという。「堆ひっこ」が無料で提供されることは大きな長所と考えられた。ただ、肥料3要素をそれぞれが含まれる割合（％）で表した「N：P：K」で比較すると、たとえば市販のジャガイモ専用肥料では「12：12：10」、化成肥料で「14：14：14」なのに対し、「堆ひっこ」は「4：3：2」と少なめだった。

そこで生徒たちは、植物の生育を促す窒素（N）の量を基準に「堆ひっこ」の施肥料を3〜3・5倍に増やし、野菜の生育調査をおこなうことにした。その結果、ジャガイモ、メロン、ホウレンソウの生育調査からは、市販の肥料との比較で生育と収量が同等であること、ハクサイに関する生育調査からは、施肥は植えつけ当日にすると生育がいいこと、などがわかった。さらに実験を繰り返すことで、最終的には作物ごとに「堆ひっこ」施肥の適正量を見つけることができた。専門家からは「成分的に堆肥ではなく肥料として利用可能」とお墨付きをもらっている。

†堆肥の「飼料」化にも挑戦

通常ならここで研究は終わりになるところだが、生徒たちがすごいのは「堆ひっこ」を飼料にも活用できないかと考えたことにある。これまで食品ロスを「飼料」や「堆肥」に活用した事例はたくさんある。しかし、一度「堆肥」に加工したものを「飼料」として活用した例はなかったのではないか。

日本は飼料自給率においても、25％とやはり海外依存度が高く、近年では円安の状況やロシアのウクライナ侵攻もあり値段も高騰している。生徒たちの農業高校でも２０２０年と２０２２年を比較すると、年間１４４万円ほどコスト増になっていた。

堆肥を飼料として利用できないか——。生徒たちはまず、同校で飼育されているニワトリで試すことにした。「堆ひっこ」をそのまま与えてもニワトリは食べてくれない。そこで生徒たちは「堆ひっこ」を配合飼料に混ぜて嗜好性《しこうせい》実験をおこなった。そして「堆ひっこ」を30％混ぜた配合比が、ニワトリの採餌《さいじ》率《りつ》がいちばん高くなることを突き止めた。

長崎県農林技術開発センターから「飼料への添加剤として期待できる」と共同研究を提案され、さらに分析を進めたところ、「堆ひっこ」には通常飼料の約１・５倍のたんぱく質が含有されていることがわかった。

ニワトリに「堆ひっこ」30％配合の飼料と通常飼料を与える比較実験から、体重や採卵率、卵重《らんじゅう》や卵の食味には差がなく、「堆ひっこ」を飼料として利用することに問題がないことも確認できた。濃厚卵白の厚みと卵重から算出する「ハウユニット」から、「堆ひっこ」で育てたニワトリの卵は最高級品位（ＡＡ級）の品質であるということもわかった。

こうした生徒たちの取り組みについて、第5節で取り上げた日本フードエコロジーセンター社長で獣医師の高橋巧一氏は、「養鶏や養豚は、昔から人の食べ残しをあたえて良質なたんぱく源としてきた経緯があるので、その考え方は持ちつづけてほしい。ただ、家庭からの生ごみはどうしても成分が不安定になりがちであることと、『飼料安全法』で動物性たんぱく質を含む食品残渣を原料とした飼料は、豚では90度・60分以上、豚以外の家畜で70度・30分以上の加熱処理をすることが定められているので、その点に留意する必要がある」と語っている。

諫早農業高校の生物工学部顧問の鎌田則幸先生によると、「対馬市の堆肥化施設では発酵・乾燥の加熱は60度程度で70度は超えない。今回は実験なので問題ないが、卵を流通させるには規定の処理が必要」とのことだった。

†日本全国の課題解決にも道筋

生徒たちは専門家の助言のもと、経営分析までやってのける。もし長崎県のすべてのジャガイモ栽培農地（3190ヘクタール）に「堆ひっこ」を導入すると、その経済効果は16億9070万円。また、長崎県内の全養鶏場に「堆ひっこ」30％配合の飼料を導入すると、その経済効果は20億4891万円となる。

「堆ひっこ」をつくっている堆肥化施設を、対馬市環境政策課の龍井《たつい》魁都《かいと》さんに案内していただいた。対馬は九州の最北端にある国境の島。南北に82キロメートル、東西に18キロメートルと大きな島だ。対馬市の世帯数は1万4526世帯（2024年3月末時点）。全世帯の15％にあたる2200世帯が生ごみの分別回収に協力している。また対馬市は、家庭からだけでなく、飲食店や給食センター、保育園など約60の事業者からも生ごみを回収している。

龍井さんによると、生ごみ分別回収のメリットは次の3つ。

1. 家計・経費の節約に
市は焼却費用（助燃剤の約3割）、住民や事業者はごみ袋の使用・購入枚数が減る。
2. 資源循環の推進
回収した生ごみが堆肥になり、地元農業を活性化できる。
3. 環境にやさしい
可燃ごみの焼却量が減るので二酸化炭素排出量を削減できる。

諫早農業高校の生徒たちは「日本全体と対馬には共通点がある」と言っていた。対馬の食料自給率は44％と低く、多くの食料を島外から輸送している。日本の食料自給率も38％と低く、多くの食料を海外からの輸入に依存している。「対馬で食品ロスの問題が解決できれば、日本全体でもできるはず」

安全性や成分の問題で農家から敬遠されていた、食品ロスからつくられる堆肥——有機質肥料として日本の「みどりの食料システム戦略」の有機農業の普及に活《い》かせないだろうか。品質のばらつきや塩分・脂質の問題から畜産・養鶏農家に敬遠されてきた、家庭の食品ロスでつくられる飼料——日本の食料安全保障にとって福音とならないだろうか。

この生徒たちのデータをもとに、日本各地の大学や研究機関で再現性の試験をしてみてはどうだろう。諫早農業高校の生徒たちが3年をかけて突破口を開いた知見が「日本モデル」として、よりいっそう深まっていくことを期待してやまない。

第5章

気候変動とほころんだ食料システム

1 食品ロスは温暖化の主犯格?

2021年8月9日、国連の気候変動に関する政府間パネル(IPCC)は、人間が温暖化を推し進めてきたことに「疑いの余地がない」とする報告書を発表した。国連のアントニオ・グテーレス事務総長は「人類にとってのcode red(非常事態)」と警告した。しかし、食品ロスが気候変動に大きく影響していることはあまり知られていない。

†温室効果ガス排出量は自動車に匹敵

公表されたのは、地球温暖化の科学的根拠をまとめた作業部会の第6次評価報告書。報告書は「人間が地球を温暖化させてきたことは疑う余地がない」とし、「現在の状態は何千年もの間、前例がなかった」と指摘した。早ければ2030年代半ばまでにパリ協定の気温上昇抑制の目標である1・5度を超えてしまうという。

「気候変動を抑制する」と言うとき、対象として思い浮かぶのは、石炭火力発電、飛行機や自動車かもしれない。スウェーデンの環境活動家グレタ・トゥンベリさんが国際会議の開催地に飛行機ではなくヨットで移動するのは有名な話だ。「飛行機と食品ロスのどちらが気候変動に影響するか？」と聞かれれば、きっとほとんどの人が「飛行機」と答えるだろう。

しかし、米国のシンクタンク世界資源研究所（WRI）がまとめた2011年〜2012年のデータをみると、食品ロスから排出される温室効果ガスの量は8・2%で、飛行機から排出される1・4%よりもずっと多い。IPCCの報告書「気候変動と土地」でも、2010年〜2016年に排出された温室効果ガスのうち、8〜10%は食品ロスから排出されたものと推定されており、自動車から排出される10%とほぼ同じである。

気候変動に影響を与えるのは食品ロスだけではない。世界で排出される人為的な温室効果ガスのうち21〜37%は、「食料システム」——すなわち食料の生産・加工・流通・調理・消費など、食に関わるすべての活動——から排出されたものだとIPCCは推定している。2021年3月に科学論文誌「ネイチャー」に掲載された論文でも、温室効果ガス

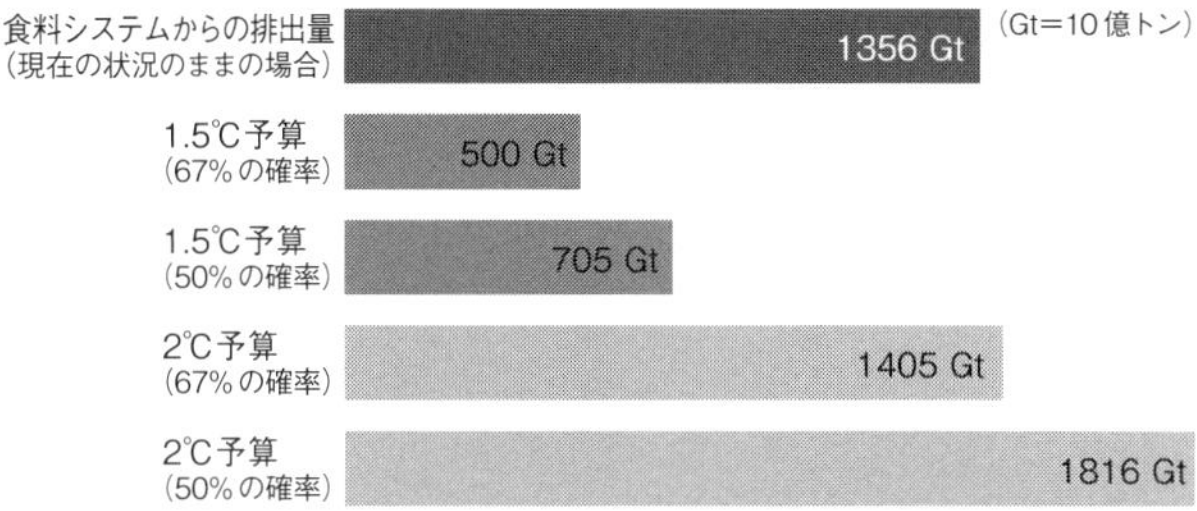

図5-1　2020年から2100年の食料システムからの累積温室効果ガス排出量の推定値。人口、食事、農業の傾向に基づく。食料システムだけで1.5度の炭素予算を消費してしまう（出典：Our World in Data）

の3分の1（34%）は食料システムが排出源であるとされている。

　この食料システムから排出される温室効果ガスの量は、2100年までに1兆3560億トンになると予測されており、気温上昇を1・5度に抑えるための排出限界量「炭素予算（カーボン・バジェット）」の5000億トンをはるかに超えてしまう（図5‐1）。

　つまり、明日からすべての化石燃料の使用をやめたとしても、食料システムからの排出量だけで、今世紀半ばには、地球の気温はパリ協定の抑制目標である1・5度を超えてしまうのだ（2020年11月発行「サイエンス」）。

　食料システムは、東南アジアやアマゾンの熱帯雨林を焼きはらって農地を開拓することで、生物多様性損失の最大の要因（損失の80%）となっている。森林破壊と気候変動により、かつて「地球の肺」といわれた南米アマゾンの熱帯雨林では、吸収される二酸化炭素よりも排出される二酸化炭素の方が多くなっているという。

これは決して対岸の火事ではない。

大豆を例にとってみよう。日本の大豆の食料自給率は7％（2023年）と低く、味噌、醤油、豆腐などの原料として日本料理に欠かせない大豆を、日本は、米国（69％）、ブラジル（20％）、カナダ（10％）など海外からの輸入に依存している。

そしてわたしたち日本人は、納豆や豆腐を食品ロスとして廃棄することで、直接、あるいは間接的に気候変動や生物多様性損失に加担していることになる。

†温室効果ガスの排出量、世界3位なのにノーマーク

気候変動対策と食品ロス削減に取り組む英国の非営利団体WRAP（ラップ）は、「英国市民の80％以上は気候変動を懸念しているが、気候変動と食品ロスに関係があると考えている人は32％に過ぎない」と報告している。

米国も同じだ。アプリを通して余剰食品のフードシェアリング・サービスを展開する「Too Good To Go（トゥー・グッド・トゥー・ゴー）は、「ニューヨーカーの88％は気候変動を懸念しているが、食品ロスが気候変動に関係すると認識しているのはわずか9％」と指摘している。

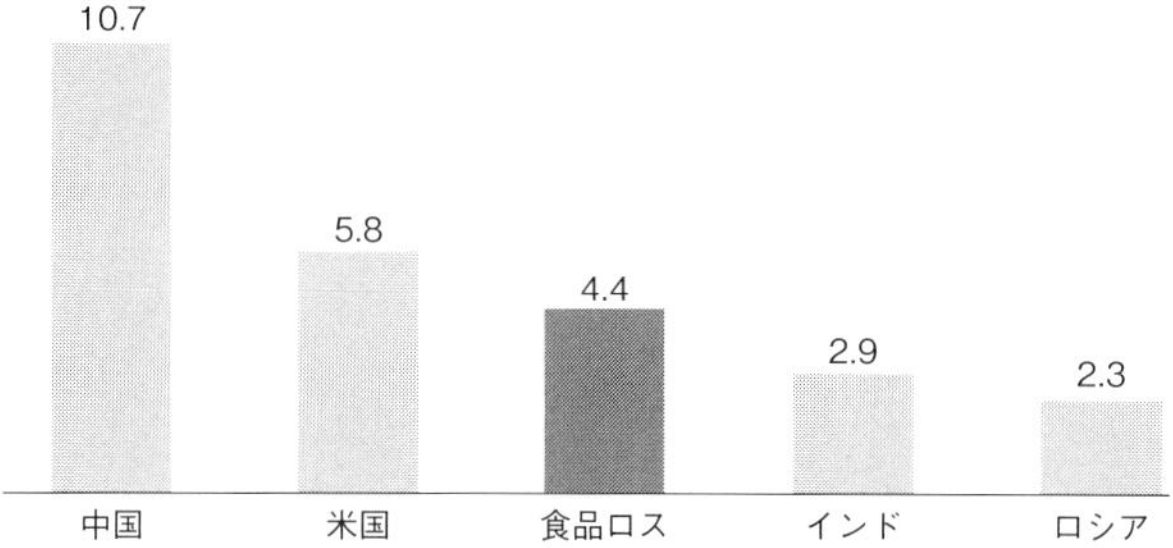

図 5-2　食品ロスは世界第３位の温室効果ガス排出源。棒グラフの数値は、食品ロスに関連する温室効果ガス排出量を示す（農業、土地利用変化、その他を含む）。国ごとのデータは 2012 年、食品ロスのデータは 2011 年のもの。CAIT, 2015; FAO, 2015.「食品ロス：気候変動の挑戦」より（出典：World Resources Institute）

日本でも気候変動の記事を目にしない日はないが、気候変動と食品ロスをセットにした記事はあまり見かけない。

温室効果ガスの排出量の多い国を順に並べると、中国、米国、インド、ロシア、日本となる。国連食糧農業機関（FAO）は、世界中の国から出る食品ロス（Food Loss and Waste）を国に見立てると、中国と米国に次いで世界第3位の排出源になると指摘している（図5－2）。

食品ロスは気候変動に大きな影響を及ぼしているのである。それにもかかわらず、これまで気候変動の問題を考えるとき、食品ロスの問題は見過ごされてきた。

2020年12月16日に富山県で開催された食品ロス削減全国大会では、小泉進次郎環境大臣（当時）が「食品ロスの削減なくして二酸化炭素の実質ゼロはない」とメッセージを発していたが、日本でも浸透しているとはいえない。

２０１５年のＣＯＰ21で採択された温室効果ガス削減に関する目標と規定を定めた国際的な合意書「パリ協定」に署名した国・地域は１９０以上あるが、そのうち食品ロス削減を対策に盛り込んだのは、わずか11にとどまる（ＷＲＡＰによると、２０２４年11月のＣＯＰ29に参加した１９５カ国のうち、気候変動対策「国が決定する貢献（ＮＤＣ）」に食品ロスの削減を取り入れているのは24カ国（12％））。食品ロスはあまりに身近すぎるため、かえって目に入りにくいのかもしれない。

日本では、食品ロスは生ごみとして焼却処分される場合がほとんどだ。焼却すれば、当然、二酸化炭素が発生する。一方、生ごみを埋め立てている国もあるが、そうすると二酸化炭素の28倍以上の温室効果があるメタンが発生してしまう。焼却にせよ埋め立てにせよ、食品ロスを出すことは気候変動に大きな影響を及ぼす。

†１ドルの投資で14倍のリターン

「プロジェクト・ドローダウン（PROJECT DRAWDOWN）」は、世界の70人の科学者と１２０人の外部専門家による検証に基づき、地球温暖化を「逆転」させる１００とおりの解決策を提示している。解決策は電気自動車、スマートグリッド、環境再生型農業、植林、太陽光発電など100種類用意されており、それぞれが二酸化炭素の削減量、費用対効果、実現可能性でランクづけされている。食品ロスの削減は、その中で堂々3位になっている(ポール・ホーケン編著/江守正多監訳『ドローダウン』2011年)。

また、カナダ・マニトバ大学特別栄誉教授のバーツラフ・シュミル氏は、著書『Numbers Don't Lie 世界のリアルは「数字」でつかめ!』(栗木さつきほか訳、2021年)の中で、食品ロス削減に1ドル投資すれば14倍のリターン(利益)が見込めるので、すぐに行動を起こすべきだとしている。食品ロスは気候変動の大きな要因だが、その削減は気候変動対策として実現可能性と費用対効果が極めて高い解決策でもあるのだ。

†食品ロスを出すとき、わたしたちの失っているもの

わたしたちは生き物のいのちをもらって食べている。牛や豚など家畜を育てるにも、稲やトマトなどの野菜を栽培するにも、多くの人手がかかっている。食べられるように加工し、スーパーやコンビニへ運ぶにも、多くの人手とエネルギーが使われている。

食品ロスを出すと、生き物のいのちを無駄にするだけではなく、大勢の人の苦労と貴重な資源やエネルギーを無駄にし、ごみ処理場で生ごみを焼却処分するのに膨大なコストを使い、気候変動に悪影響を与える温室効果ガスを出すことになる。

食品ロスは気候変動に甚大な影響を及ぼすということを、もっと多くの人に知ってもらいたい。食品ロスを削減することは、わたしたち一人ひとりが今日からはじめられる気候変動対策なのだから。

2 世界の食品ロスの不都合な真実

2021年7月に発表された、世界自然保護基金（WWF）と英国の大手小売テスコの報告書「Driven to Waste」から、全世界で25億トンの食品ロスが発生していることが明らかになった。国連食糧農業機関（FAO）が2011年に発表した食品ロスの推定値は13億トンなので、これまでの推定値の2倍近くにもなる量だ。

また、生産された食品のうち40％は食べられずに廃棄されていることもわかった。FAOの調査では、食品ロスの割合は3分の1（約33％）とされていたので、こちらも見直しが必要になりそうだ。

†見過ごされてきた農場由来の食品ロス

WWFは25億トンの食品ロスの内訳を、農場からが12億トン、貯蔵・加工・製造・流通からが4億トン、小売・消費で9億トンと推定している。FAOの推計値から大きく変わったのは、農場から出る食品ロスだ。報告書は「農場から出る食品ロスは、見過ごされているホットスポット」と指摘している。

農場から出る食品ロスが過小評価されてきたのは、廃棄された農産物の量を把握することがむずかしいということもある。農家は、摘果《てきか》したり、鳥害や虫害にあったり、病気になって捨てられたりする農産物の量をいちいち計量しない。生産調整のために収穫すらされず、そのままトラクターで畑にすき込まれてしまう農産物もある。漁獲したものの市場であまり流通していない魚だったり、うろこがはがれたり、カニの脚が一本もげていたり、サイズが規格外だったりして、そのまま海に投棄される魚介類も計量されることはない。

しかし、考えてみると、これまで食品ロス削減の取り組みとして農場にスポットライトが当たることはなかった。国連の持続可能な開発目標（SDGs）の17ある目標の12番目は「持続可能な生産消費形態を確保する」である。目標ごとに設けられた具体的なターゲットであるSDGs12・3をみてみよう。

「2030年までに、小売・消費レベルにおける世界全体の一人あたりの食料の廃棄（Food Waste：フードウェイスト）を半減させ、そして、収穫後損失を含む、生産・サプ

ライチェーンにおける食料の損失（Food Loss：フードロス）を減らす」（拙訳）

小売・消費は「半減」とあるが、生産から流通では「減らす」という表現にとどまり数値目標すらないのだ。農場からの食品ロスの問題が見過ごされてきたことの原因のひとつには、SDGs12・3のターゲットの不備もあるかもしれない（見過ごされてきたからこそ、数値目標が設定されていないのかもしれないが……）。

なお、FAOの定義では、食品サプライチェーンの前半（生産から流通）で発生するのが「フードロス」、後半（小売・外食・家庭）で発生するのが「フードウェイスト」である。日本で使われている「食品ロス」は、英語だと「Food Loss & Waste：フードロス&ウェイスト」がもっとも近い。「フードロス」だけだと小売・外食・家庭からの食品廃棄物が含まれないので注意が必要だ。

†「見えない」農場の食品ロス

農林水産省と環境省が推計する日本の食品ロス量にも農業や漁業などの一次産業からのロスは含まれていない。日本の食品ロスは年間472万トン（2022年度推計値）だが、採れすぎた野菜の価格を維持するための生産調整や規格外のため出荷できない農産物は含まれていない。農林水産省の野菜生産出荷統計によると、２０２３年に日本で収穫された農産物（野菜41品目）は１２６３万トンで、そのうち出荷されたのは１１００万トン。残りの１６３万トンは、農家が自家消費するものや親族と近所に配るものをのぞくと、規格外や余剰のため廃棄されたものと考えられる。

２０１８年のイタリア取材で、現地の行政担当者は、同国の事業系食品ロスのうち64％は一次産業から発生したものと話していた。米国で２０１９年に農場から出荷されなかった農産物は１６７０万トンあり、その半分の８５０万トンは十分食べられたにもかかわらず、規格外だったために廃棄されたものである。

農家は常に自然災害のリスクにさらされている。販売先との契約を維持していくため、必要以上に栽培せざるをえないのが現状だ。契約量を上まわる収穫物や、見た目の悪いもの、規格外の農産物は農場で廃棄される。コロナ前の２０１９年、米国で余剰農産物をフードバンクで再利用できた割合はわずか１・７％だったという。

こうしてみてくると、日本の農場から出る食品ロスは、じっさいにはもっと多い可能性がある。

前出の英国の非営利団体ＷＲＡＰは、これまで手つかずだった一次産業の食品ロスを削減するため、余剰や廃棄の「定量化」、つまり量ることに取り組みはじめている。日本も英国にならって農場の食品ロスを把握し、その削減方法を考えるべきではないか。ただし、その責を農家に押しつけることなしに、である。農場の食品ロスを削減するためには、包括的な支援策が必要なはずだ。

†農家のリスクを分担する

たとえば、現状の契約条件だと小売が有利で生産者が不利というヒエラルキー（階層）が生じていることが多い。気候変動の影響で豪雨、干魃《かんばつ》、冷害の増加が予測される中、農家はすでに多大なリスクを背負わされている。気候危機下にあっては生産者と小売業者が平等にリスクを分担する必要がある。その一例が生産物の「全量購入契約」だ。

これは小売が規格外も含め農場で生産された全農産物を購入する契約である。全量購入契約を結ぶことで、生産者は過剰生産から解放され、生産量を適正化でき、小売は農産物を通常より安く仕入れられ、消費者に旬の農産物をお手頃な価格で提供できる。

規格外の農産物を廃棄せずに流通させる動きは、欧米、オーストラリアやニュージーランドで広がっており、消費者にも好意的に受け入れられているようだ。

しかし、規格外の農産物を全量販売できるわけではない。冷凍野菜やミールキット、惣菜などに加工することも必要だ。いまのところ全量購入契約のできそうな小売は、資本力のある大手スーパーに限られるだろう。

わたしたち消費者にもできることはある。コロナ下に「ポケットマルシェ」や「食べチョク」など、生産者から直接、農産物を購入する通販が注目された。仲介業者をはさまず、消費者と生産者が直接代金前払い契約を結ぶ「地域支援型農業（CSA）」でも、生産者は天候に左右されずに安定収入を得られ、計画的な農業経営をおこなうことができる。消費者は旬の農産物を定期的に購入でき、農業体験や子どもの食育に役立てることができる。一般的な流通だと見た目や規格ではねられる割合は高いが、生産者からの直接購入だと規格外でも流通させることは可能だ。

12億トンもの食料が世界中の農場で廃棄されている実態は、経済や気候変動への影響を考えても無視できる問題ではない。その仕組みをすぐに変えることはできなくとも、できるところから着手していきたい。

†気候変動に無関心な日本人

国連の人権理事会は2021年10月8日、清潔で健康的な環境は人権であると認めた。世界保健機関（WHO）によると、大気汚染など環境問題が原因で亡くなる人は年間約1370万人。全世界の死亡者数の約24・3％を占める。つまり、世界中で亡くなってい

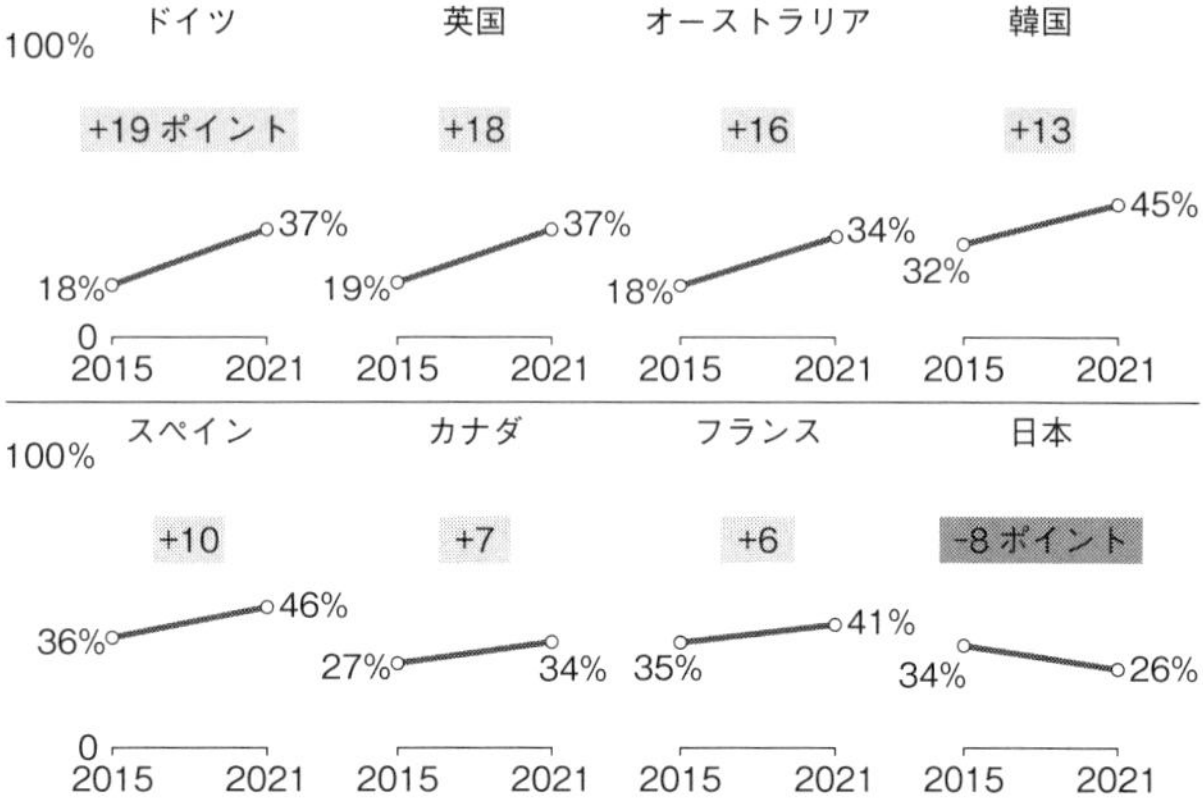

図 5-3 「地球規模の気候変動が一生のうちに自分に悪影響を及ぼすことを非常に懸念している」と答えた人々の割合（2015 年と 2021 年の比較）。日本のみ気候変動に対する問題意識が低下している（出典：Pew Research Center）

る人のおよそ4人に1人は環境問題が原因で亡くなっているということになる。

この環境権は国連の人権理事会で可決されたが、決議のとき日本は、中国、インド、ロシアなど温室効果ガス排出量ワースト5の仲間と共に棄権票を投じている。このことからも、いかに日本が環境問題に消極的かわかるが、もっと気になるデータがある。

それは米国のシンクタンク「ピュー・リサーチセンター」が2021年に先進17カ国、1万8000人以上を対象に実施した気候変動についての意識調査の結果だ。ほとんどの国で「非常に懸念している」という回答が2015年より増加しているのに対し、日本だけは34％から

n=	2021年9月	2021年1月	2020年7月	2019年7月	2021年9月-2019年7月増減
n=	7,576	8,979	6,990	6,357	
かなり詳しく知っている（説明できる）	8.2%	6.5%	6.0%	4.9%	3.3%
ある程度知っている	62.9%	59.1%	57.4%	45.7%	17.2%
なんとなく知っている	27.7%	32.4%	34.0%	39.5%	−11.9%
まったく知らない	1.2%	2.0%	2.7%	9.9%	−8.6%

図表5-4　食品ロス問題の認知率の増減（提供:ハウス食品グループ本社）

26%に減少しているのだ（図5-3）。

†食品ロスの認知率は過去最高

対照的なのが、ハウス食品グループ本社が2021年9月に実施した「食品ロスに関するアンケート調査」の結果である。同社では2019年から6000人以上を対象に食品ロス調査をおこなっており、4回目となる調査では、食品ロスの認知率は98・8%と過去最高となった。

調査では、回を追うごとに「まったく知らない」「何となく知っている」という回答が減り、「かなり詳しく知っている」「ある程度知っている」が増えている（図表5-4）。

せっかくこれほど食品ロスの認知率が上がったのだから、食品ロスの削減を気候変動対策に活《い》かさない手はない。

†国連食料システムサミットが問題提起

「破綻《はたん》した従来の食料システムを持続可能な新しいものに転換することが、気候変動対策や飢餓撲滅をはじめ、持続可能な開発目標（ＳＤＧｓ）の達成のために不可欠」

そんな国連のアントニオ・グテーレス事務総長の強い信念にもとづいて、コロナ下の2021年9月23日〜24日に約90人の各国代表や国際機関のリーダーがリモートで参加して国連食料システムサミットが開催された。

従来の食料システムは、人為的な温室効果ガス排出量の21〜37％を排出することで気候変動の要因となり、また熱帯雨林を焼きはらって農地に開拓するなどして生物多様性損失の80％の要因となり、世界の淡水使用の70％に関わっている。それほど環境負荷をかけて生産された食料の約3分の1は食品ロスとなり、食料生産に使われた土地、水および肥料の約4分の1は無駄になっている。そんなほころびた食料システムを、環境に調和し、健康的なものに移行するための意見が交換された。

持続可能な食料システムはＳＤＧｓの基盤である。今回の食料システムサミットの最重要課題が、機能不全に陥った食料システムの問題を、世界共通の政治課題として認識させることにあったとすれば、ある程度、役割を果たせたのではないか。また、見落とされがちな気候変動のパズルの重要なピースである「食料システム」や「食品ロス」を認識させるために欠かせない取り組みだったと言える。

†環境負荷をかけて生産→3分の1が食品ロスに

2023年7月、イタリアのローマで「国連食料システムサミット2年後会合（UNFSS＋2）」が開催された。

前回開催のあとの2年間にはいろいろなことが起こった。ロシアのウクライナ侵攻による食料危機、鳥インフルエンザの大流行、世界的な食料価格の高騰、「地球沸騰」とたとえられる気候危機——。

食料システムは改善されるどころか、むしろ劣化したようにさえ思える。SDGsのゴール「貧困撲滅」や「飢餓撲滅」は、近づくどころか遠のいているのではないか。

2022年に世界で飢餓に直面した人は7億8000万人、安全で健康的かつ十分な食事にアクセスできない食料不安にあった人は24億人（世界人口の29・6％）と推定されている（国連機関「世界の食料安全保障と栄養の現状：SOFI」2023年報告書）。

そんな課題山積みの食料システムの世界的な会合だったにもかかわらず、UNFSS＋

2はほとんど注目を集めることはなかった。要因はいくつもあるのだろうが、食料システムが抽象的でわかりにくいのも一因ではないか。

「食料システムとは、食料の生産、加工、包装、流通、保管、調理、消費など、生産から消費に至るまでの食にかかわる活動すべてを視野に入れたとらえ方をいう」と説明されても、すんなり理解できる人はそういないだろう。

†『君たちはどう生きるか』に学ぶ食料システム

そんな食料システムを理解するヒントになるのが、2023年に公開されたスタジオジブリの映画の題材となって注目を集めた吉野源三郎の小説『君たちはどう生きるか』である。小説には、主人公の15歳の少年が、自分の目に映るすべてのものにそれぞれ物語があることを知り、想像をめぐらしてみる印象的な場面がある。

たとえば、粉ミルクが自分の手もとに届くまでにどんな人たちの手を経由してきたのか。オーストラリアの酪農家、生乳をしぼる人、生乳を工場に運ぶ人、工場で粉ミルクにする人、缶につめる人、缶を荷造りする人、トラックで鉄道に運ぶ人、貨車に積みこむ人、貨車を動かす人、貨車から港へ運ぶ人、貨物船に積みこむ人、貨物船を動かす人、貨物船から荷をおろす人、倉庫に運ぶ人、倉庫の人、卸業者、広告をする人、小売まで缶を運ぶ人、小売の人、うちまで缶を持ってきてくれる配達の人……という具合だ。

1937年に出版された小説なので、現代のサプライチェーン（物流網）とは異なるものの、食料システムとはどんなものかがみごとに描写されている。

✝世界の舞台で話し合われたこと

UNFSS＋2には、160カ国以上の各国代表、研究者や活動家が参加し、3日間の開催期間中に7つの本会議、10のリーダーシップ・ダイアログ、17のサイドイベントがおこなわれた。

その中のひとつ「食品ロスの防止と削減」のリーダーシップ・ダイアログでの議論を振り返ってみよう。

国連食糧農業機関（FAO）チーフエコノミストのマッシモ・トレロ氏は基調講演で「中南米やアフリカでの調査から、ほとんどのフードロスは農場で収穫前に発生していたことがわかった」と発言している。これまでFAOは、フードロスは収穫後に発生しているとして収穫前のロスは度外視してきたので、この認識の変化は大きな前進といえる。

同氏は「SDGs12・3のターゲットどおりに食品ロスを半減させると、減らせる量は一人あたり434グラム／日となり、世界中で必要とされている果物と野菜の供給量を十分まかなえる量となる。また、世界の70％の国々は、食料システム変革のためには食品ロス対策が欠かせないと考えている」と指摘する。

印象に残ったのは、国連西アジア経済社会委員会のロラ・ダシュティ氏の発言だ。「アラブ地域の国々が食品ロスとして失っている600億ドル（約7兆8860億円）があれば、ヨルダン、チェニジア、ジブチ、モーリタニア、ソマリア、イエメンの外部債務をなくすことができる」

世界銀行・食料システム担当アドバイザー兼グローバルリーダーのギータ・セティ氏は「食品ロスは食品価格が安すぎるから発生しているのです。テレビを3台製造して1台を廃棄したりしないでしょ？　食品ロスは食料システムのほころびです。食品ロス削減に補助金を出すことは、世界的な公益目的にかなっているのです」と訴えた。

質疑応答では、「各国政府は食品ロス税の採用を検討したほうがいい。食品ロスを出す人に課税し、そのお金を自然保護の予算にまわす」「各国は食品ロス問題を気候変動対策や食料政策に加えるべきだ」という意見が出た。

FAOのマッシモ・トレロ氏は質疑応答をこう総括している。

「食品ロスは食料生産に使われた水も無駄にしている。その水の価格は（雨水や灌漑《かんがい》用水だから）食料価格に反映されていない。しかし、地域によっては、水は貴重品だ。だから食品ロスを減らす必要があるし、水の価格を食料価格に上乗せして、本来の価格にする必要がある。

無農薬ですばらしい品質の農産物をつくっても、市場が正しく評価しないのなら、農家はつくりつづける動機を失ってしまう。価格設定で優遇するなど、何らかの行政による介入が必要だろう」

†世界に求められる覚悟とは

サミット後に発表された国連のプレスリリースには、「食料システムの変革を気候変動対策として『国が決定する貢献（NDC）』や『国家適応計画（NAP）』と整合させなくてはならない」とある。「国が決定する貢献（NDC）」とは各国政府の温室効果ガス排出削減目標のことで、「国家適応計画（NAP）」とは各国政府の気候変動リスクに対応した具体的な適応策のことだ。それならば食料システムのほころび（穴）である食品ロスについても同じことが言えるはずだ。

2025年に開催されるはずの次回「国連食料システムサミット4年後会合」（UNFSS＋4）までには、今回取り上げられたことがある程度実現された上で、普及に向けて対話がさらに深まることを期待したい。

少しきびしい言い方になるが、発言だけで終わるようでは2030年までにSDGsのゴールが達成されることはないだろうし、SDGsなんてしょせん机上の空論だと言われても仕方がないだろう。

3 「食品ロス削減」が気候変動対策に加わったCOP28

観測史上の「暑さ」の記録を塗り替えた2023年に、UAE（アラブ首長国連邦）で開催された第28回国連気候変動枠組条約締約国会議（COP28）は、「食料システム」と「食品ロス」が気候変動問題の表舞台に登場したはじめてのCOPだった。

†農業や食料システムが、なぜ気候変動対策に入るのか

会期中の12月10日は「食料、農業と水の日」とされ、閣僚級会議で「農業、食料と気候に関するCOP28 UAE宣言」が採択されている。

宣言には次のような文言がある。

- パリ協定の長期目標を完全に達成するためには、農業と食料システムを含める必要がある
- 2025年のCOP30までに、農業と食料システムを「国が決定する貢献（NDC）」や「国家適応計画（NAP）」と整合させる
- 農業と食料システムに関する政策と公的支援の見直し、温室効果ガス排出を削減し、食品ロスを削減し、生態系の損失と劣化を抑えながら、回復力、生産性、生活、栄養、水効率、人間・動物・生態系の健康を強化する活動を促進する

2023年7月に開催された国連食料システムサミット2年後会合（UNFSS+2）で、議長国UAEのマリアム・アルムヘイリ気候変動・環境大臣が、COP28において食料システムと農業が気候変動対策の中心となるよう、各国政府に要請したのだという。

なぜ農業や食料システムを気候変動対策に入れる必要があるのかと、いぶかしむ人がいるかもしれない。大切なのは、化石燃料をどうするのかと再生可能エネルギーをいかに増やすかではないのか、と。

確かにCOPの期間中に報道されたニュースは、そうした視点からのものばかりだった。

しかし、国連の気候変動に関する政府間パネル（IPCC）によると、世界の食料シス

テム――食料の生産、加工、包装、流通、保管、調理、消費など、生産から消費に至るまでの食にかかわるすべての活動――は、人為的な温室効果ガス排出量の約21～37％を占めている（本章第1節）。

また、食料システムのほころびである食品ロスは、焼却すれば二酸化炭素を発生させ、埋め立てれば二酸化炭素の28倍以上の温室効果を持つメタンを発生させる。IPCCによれば、食品ロス由来の温室効果ガスは全体の8～10％を占め、自動車からの排出量10％とほぼ同じである。

†「日本は関係ない」という理屈は通るか

日本は生ごみを埋め立てていないのだから関係ないという反論があるかもしれない。しかし、環境省によると、廃棄物分野からの温室効果ガス排出量のうち、およそ76％は「廃棄物の焼却と原燃料利用に伴う二酸化炭素排出」だという（2019年度）。

これは本来有機資源としてリサイクルできるはずの生ごみを焼却処分していることと、重量の8割が水分である生ごみのような「燃やしにくいごみ」を「燃えるごみ」として焼却するために、分別回収した廃プラスチックを燃料として投入しているためである。

それだけではない。食品が廃棄されるまでの背景を想像してほしい。どの食品にもそれぞれ生産、加工、包装、流通、保管、調理などの食料システムがあり、その過程で、食べられることなく捨てられてしまう食品に、どれだけの化石燃料や化学肥料、農薬、エネルギー、労力が費やされてきたかということを。

消費者庁によると、日本の2022年度の食品ロス量は約472万トンで、この食品ロス分を生産するために、製造・輸送・販売などの過程で排出された二酸化炭素の総量は約1046万トンだという。これは全国の家庭の台所用コンロ（740万トン）や冷房機器（680万トン）の排出量よりも多い。

農林水産省によると、日本の農業由来の温室効果ガスの排出量（2019年度）は約4747万トン。その割合は、二酸化炭素（34・1%）、メタン（46・2%）、一酸化二窒素（19・7%）となっている。ちなみに一酸化二窒素は二酸化炭素の298倍の温室効果があるといわれている。

排出源については、二酸化炭素は、おもに農業機械・船舶・ビニールハウスの暖房などの燃料の燃焼で発生している。メタンについては、稲作（54・7%）、家畜の消化管内発酵（10・7%）、家畜の排せつ物管理（34・6%）となっている。一酸化二窒素は、農用地の土壌（39・8%）、家畜の排せつ物管理（60・2%）である（以上のデータは、国産の農産物に限られる）。

食料自給率38%（カロリーベース、2023年）の日本の場合、海外から大量の農産物を輸入していることも考慮する必要がある。つまり日本の食は、海外の食料システムと切り離して考えることはできないのだ。温室効果ガスが日本で発生していないのだから関係ないという論理は通らない。大気はつながっているからだ。

†「食と農業」を議題に加えた英断

食品ロスを出すということは、生産や輸送で温室効果ガスを排出してきた食品を無駄にし、生ごみの埋め立てや焼却の過程でも温室効果ガスを発生させるため、二重に気候変動に加担することになる。

そう考えると、議長国UAEがCOP28で「食と農業」を気候変動の議題に加えたことは英断といえるのではないだろうか。

特に食品ロスの削減は、世界中の誰もがいつからでも取り組め、すぐに結果を出せる気候変動対策である。食品ロス削減は、「プロジェクト・ドローダウン」の地球温暖化を逆転させる100の方法のうち、温室効果ガスの削減量や費用対効果、実現可能性を踏まえたランキングでも第3位に選ばれている（本章第1節）。

そのような背景もあり、COP28ではサイドイベントとして食料システムや食品ロス関連のセッションも各種開催された。筆者も日本国際協力センター（ＪＩＣＥ）からご依頼いただき、食品ロスと気候変動の関連について、事前録画で講演する機会に恵まれた。

国連食糧農業機関（ＦＡＯ）チーフエコノミストのマッシモ・トレロ氏は、ＣＯＰ28の「食料、農業と水の日」の閣僚級会議で、三部構成となる食料システムのロードマップの第一弾を発表した。これは持続可能な食料システムへの移行と気候変動目標に整合性を持たせるための必要な道筋を示すものである。

具体的には、２０３０年までに、酪農・畜産分野からのメタン排出を２０２０年比で25％削減すること、世界中の漁業が持続可能な方法で管理されるようにすること、小売・消費レベルでの食品ロスを一人あたり50％削減することなどが目標とされている。

農業と食料システム全体としては、２０３５年までにカーボンニュートラルを達成し、２０５０年までには炭素吸収源として、年間15億トンの温室効果ガスを吸収するようになることを目標とした、かなり野心的なものになっている。

これらの目標をどのように達成していくかについては、まず２０２４年秋に開催されるＣＯＰ29で地域ごとの適応策や資金調達の選択肢を掘り下げ、そして２０２５年のＣＯＰ30で国レベルでの具体的な政策の概要が説明されることになるという。

†大切なのは結果を出すこと

COP28で食料システムと食品ロスにスポットライトが当てられたのはよろこばしいことだ。しかし大切なのは、文言ではなく、じっさいに取り組み、結果を出していくことである。

「農業、食料と気候に関するCOP28 UAE宣言」の締約国である日本には、温室効果ガス排出削減対策として、持続可能な食料システムへの移行と食品ロス削減の目標と実施計画を「国が決定する貢献（NDC）」に明記し、取り組んでいくことが求められる。わたしたち一人ひとりの取り組みに世界が注目していることを忘れてはならない。

4　世界の食料システムのほころび

現在の食料システムが持続可能でないことは以下のように明らかである。

- 世界で生産される食料のうち、3分の1にあたる13億トンが捨てられている（FAO、2011）。世界の食品ロス量は、これまで見過ごされてきた農場からの食品ロスの

12億トンを加算した25億トン（WWF、2021）

- 2019年にEUの海域で少なくとも23万トンの魚の投棄が行われ、その92%は底引き網漁による混獲が原因（WWF、2022）。世界で水揚げされた魚の約35%はサプライチェーン上で食品ロスになっている（FAO、2020）
- 2022年に世界で飢餓に直面した人は7億8000万人、安全で健康的かつ十分な食事にアクセスできない食料不安にあった人は世界人口の29・6%にあたる24億人（SOFI、2023）
- 人為的な温室効果ガスの3分の1（34%）は食料システムが排出源である（「ネイチャー」、2021）。食料システムからの排出量だけで、今世紀半ばには、地球の気温はパリ協定の抑制目標である1・5度を超えてしまう（「サイエンス」、2020）
- 東南アジアやアマゾンの熱帯雨林を焼きはらって農地を開拓することで、食料システムは生物多様性損失の最大の要因となった。森林破壊と気候変動によりアマゾンの熱帯雨林では、吸収される二酸化炭素よりも排出される二酸化炭素の方が多くなっている（「ナショナル・ジオグラフィック」、2021）
- 世界中の食品ロスを国に見立てると、中国、米国に次いで、世界第3位の温室効果ガスの排出源である（FAO）

そこに新型コロナウイルス感染症のパンデミックとロシアによるウクライナ侵攻が起こり、世界中でたくさんの人が食料システムの破綻《はたん》を実感し、あらためて食料安全保障の重要性を認識することになった。

†ロシアがウクライナ侵攻で食料システムに開けた穴

２０２２年2月に起こったロシアのウクライナ侵攻前、世界の輸出量に占める両国の割合は、ヒマワリ油77％、小麦29％、大麦30％、トウモロコシ15％だった。２０２２年3月25日、国連食糧農業機関（ＦＡＯ）は、供給が止まっているウクライナとロシアの農産物の不足分を別の供給国に頼っても、２０２２／２３年には部分的にしか補うことができず、世界の食料と飼料価格をさらに8～22％上昇させる可能性があると報告した。じっさい２０２２年3月の食料価格指数は１５９・３となり過去最高を更新した。

さらにＦＡＯは、この世界的な食料価格の高騰が原因となり、２０２２／２３年に世界の栄養不足人口は８００万～１３００万人増加すると発表した。国連世界食糧計画（ＷＦＰ）が食料支援のために購入していた穀物の50％はウクライナ産だったのだから事態は深刻だ。

それでは、ほころびた食料システムをどのように直し、持続可能なものに移行させていけばいいのか。世界各国はどのような取り組みをしているのだろう。

†ほころびた食料システムの処方箋(EU)

土壌の劣化は現在、欧州連合(EU)に年間1000億ユーロ(約13兆円)の損失を与えており、気候変動は2050年までに作物の収量を20%減少させる可能性がある。持続可能な食料システムへの移行を加速させることを目的としたEUの「農場から食卓まで」戦略では、「気候に配慮した行動」によって土壌の健全性を回復し、気候変動への適応力を向上させるとしている。

化学肥料への依存を減らすという目標も設定されており、最大の肥料輸出国であるロシアによる輸出制限や肥料価格の高騰を考えると、この目標はさらに意味のあるものとなっている。

世界経済フォーラム(WEF)によると、EUの農家の20%が気候変動に配慮した農法を採用すれば、2030年までにEUは農業による温室効果ガスの排出量を推定6%削減でき、農地全体の14%以上の土壌を健全化し、それによって生物多様性と食料システムの回復力を向上させ、実施レベルに応じて、農家の所得を年間19億ユーロ(約2470億円)

から93億ユーロ（約1・2兆円）増加させることができるという。

✝ほころびた食料システムの処方箋（米国）

カリフォルニア大学のアン・カプシチンスキ教授（環境学）は、「米国の食料システムは壊れている。栽培から食卓にいたる、すべての段階の政策に問題がある」と指摘している。ジャンクフードが野菜や果物より安いのも、市場価格がどんなに安くても農家がトウモロコシの栽培をつづけるのも、米国の農業が持続可能でないのも米国の農業政策に問題があるからだと。

その農業政策の担い手である米国農務省は2022年6月に、より公平で回復力のある食料システムを構築し、栄養価の高い食品を手頃な価格で購入できるようにすることを目標にすると発表した。具体的には、全米各地で「地産地消」を促進することで、農村地域の雇用を創出し、消費者の食品入手性を高める。同時に、地産地消のため物流や冷蔵保管などによる温室効果ガスの排出量は削減され、気候変動対策になる。

新しい食料システムへの移行のために米国農務省は次のような施策を発表している。

- 有機農業を促進させるため最大3億ドル（約330億円）を拠出する

- 都市農業の支援に最大7500万ドル（約82億円）を拠出し、地産地消の仕組みを構築する
- より回復力のある食料システムを構築するのに必要な冷蔵倉庫、冷蔵トラック、加工施設などのインフラを導入するため、食品サプライチェーン融資保証プログラムに1億ドル（約110億円）を拠出する
- ごく一部の大手企業により寡占のつづく食肉・鶏肉加工に新規参入するための支援策として、最大3億7500万ドル（約412億円）を拠出する
- 中小規模の食品・農業ビジネスの支援を行う食品ビジネスセンターの創設に4億ドル（約439億円）を投資する
- 食品ロスを防止・削減するために、最大9000万ドル（約99億円）を拠出する。さらにコミュニティ・コンポストと食品ロス削減プログラムに3000万ドル（約33億円）を追加投資する

ここでは持続可能な食料システムへの移行のために、食品ロス問題にもきちんと予算が割り当てられていることを確認しておこう。

以上の米国農務省の施策には入っていないが、農薬・除草剤・化学肥料に支えられ、単

一作物大規模栽培をおこなう慣行農業に対し、持続可能な農業として、土壌の健全性を高めるために農薬や化学肥料の使用をひかえ、農地を耕さず自然本来の復元力を生かすリジェネラティブ（環境再生型）農業が選ばれるようになってきたことも、米国の変化のひとつとしてあげられる。ミミズがたくさんいるふかふかした健全な土壌は二酸化炭素を貯蔵してくれる。

†米国の食品ロス問題

米国農務省によると、米国では2019年に4080億ドル（約45兆554億円！）相当の食品ロスが発生しており、これは米国の食料供給量の3分の1以上に相当する。米国の2019年の名目GDP総額は21兆3730億ドル、食品ロスは4080億ドルだったので、GDPのおよそ2％がごみになったことになる。

米国で食品ロス問題に取り組む非営利団体のReFED（リフェッド）によると、全食品の24％にあたる5400万トンが食品ロスとして埋立地やごみ焼却施設に送られている。米国環境保護庁の報告書「農場から台所へ」では、この膨大な食品ロスからは、埋立地から排出されるメタンを除いても、農場から台所にいたるまでの食品サプライチェーン（供給網）からの排出を含め、石炭火力発電所42基分以上の温室効果ガスが排出されていることが指摘されている。

そのほかに無駄になった資源として、「56万平方キロの農地（カリフォルニア州とニューヨーク州を合わせた面積）」「22兆リットルの水と6640億キロワットの電気（米国の5000万世帯の年間使用量に匹敵）」「35万トンの殺虫剤」「635万トンの肥料（国内消費される農産物の生産に十分な量）」があげられている。

こうしたけた違いの環境負荷を考えると、食品ロスが米国の食料システムにあいた大きな穴であることは間違いないだろう。

5 日本の食料システムのほころび

食品の値上げが止まらない。2022年2月からつづくロシアによるウクライナ侵攻が引き金となった食料と原油の価格高騰に記録的な円安が追い打ちをかけ、日本国内で値上げされた食品は、2022年に2万5000品目以上、2023年に3万2000品目以上と、記録的な値上げラッシュとなった。2024年にはさらに1万2000品目以上が値上げされた。

帝国データバンクは食品の値上げによる2022年の家計負担額は年間6万8760円

と試算している。じっさい2022年9月の消費者物価指数（生鮮食品をのぞく）は、消費増税の影響をのぞくと31年ぶりに前年同月比で3・0％を超え、2023年1月には4・2％となった。

†それでも値上げできない生産者

しかし、日本農業法人協会の2022年5月の調査から、農業法人の98％は、燃油・肥料・飼料価格が「高騰」または「値上がり」していると感じていても、96％は価格転嫁が「できていない」ことが明らかになった。

中央酪農会議の2022年6月の調査では、直近1カ月の牧場の経営状況について、65・5％が「赤字」と答え、現状がつづくなら55・8％は酪農経営を「続けられない」と答えている。飼料価格は酪農の生産コストの半分を占める。日本の飼料自給率は25％と低く、トウモロコシや大麦など、配合飼料原料の多くを海外に依存しており、ウクライナ危機や記録的な円安により輸入穀物価格が過去最高の上げ幅となり、酪農家の経営を圧迫している。

帝国データバンクの2022年9月の調査からも、中小企業が価格転嫁できていない実態が浮き彫りになっている。原材料の高騰などによるコストの上昇分を販売価格にまったく価格転嫁できていない企業は18・1%を占め、価格転嫁できた企業でも販売価格への転嫁率は36・6%にとどまっている。すなわちコストが100円上昇しても販売価格には36・6円しか転嫁できていないということだ。価格転嫁できない理由は「取引先の理解を得られない」「顧客離れへの懸念」などである。

2022年の農業物価統計調査からも、2020年の価格を100とした場合、肥料は130・8、飼料は138・0、光熱動力は127・3と高騰しているが、農産物は102・2と上昇幅が小さく、農家は生産にかかった費用を価格転嫁できていないことがうかがえる。2023年も同じで、肥料147・0、飼料145・7と農業資材はさらに値上がりしているが、農産物108・6、生乳109・9と生産コストに見合った価格になっていない。

値上げしても赤字の酪農家

2022年11月に飲用牛乳の乳価は10円値上げされた。値上げは3年半ぶりだった。年間で需要が最も落ち込む年末年始がせまる中での値上げは牛乳の需要低下をまねくことも、余剰生乳の大量廃棄のリスクが2021年よりも2022年の方が格段に高くなっていることも織り込み済みで、それでも酪農団体は年度途中の価格改定に踏み切らざるをえないほど追い込まれていた。

しかし配合飼料の価格が2022年に2020年比で1・4倍に高騰したのに対して、1・1倍ほどの値上げにとどまった牛乳の販売価格とのギャップから酪農家の5割以上は赤字に陥った。

農林水産省は、酪農家の負担を軽くするため2022年11月から配合飼料1トン当たり6750円を補塡《ほてん》することにしたが、2023年も4割は赤字のままで、酪農をやめる農家の減少は止まらなかった（生乳の生産調整のため、酪農家が2023年3月から9月にかけて乳牛を食肉処理場に出荷すると、国が1頭あたり15万円の補助金を出していたのも原因かもしれない）。

†値上げに反映されないコスト

消費者の立場からすると、2022年から2023年にかけて食品は大幅に値上げされた印象だが、生産者や食品関連業者には売価に反映できていないコストがまだ残っていたのだ。小麦などの価格は、政府が国費を使って安く抑えていた側面もある。

欧米には消費者物価指数が10％を超えている国もあるのに、日本は生鮮食品を入れてもまだ4％程度に抑えられている。筆者には、消費者物価指数の低さが、価格転嫁できない日本企業の苦しい状況を物語っているように思われてならない。

日本政府は物価上昇を抑制するのにやっきになり、巨額の財政支出をともなう経済対策（ガソリン・肥料・電気・ガス・小麦への補助金）をおこなっているが、本来は食料システムに関わる生産から小売にいたるまでのすべてのセクションが円滑に価格転嫁をおこない、商品の価値に見合った価格に変更し、それがきちんと賃上げにつながる経済・社会の仕組みこそが必要なのではないだろうか。

もちろん、すべての人が食料を入手できるような社会保障制度が整っていることが前提であることはいうまでもない。

逆にいうと、正当な理由があっても価格転嫁のできないような壊れた食料システムが、どんなに働いても賃金上昇につながらない社会を生み出しているのかもしれない。この問題に本気で取り組まない限り、「農業従事者の高齢化、労働力・後継者不足」という日本の食料システムの根幹に関わる問題は解決できないだろう。

†世界でも有数の漁場である日本近海から魚が消える

国連食糧農業機関（FAO）によると、日本列島が面する太平洋北西部海域は世界でもっとも漁獲量の多い海域のひとつであり、2022年には世界の漁獲量の20％にあたる1

885万トンもの魚がこの海域で水揚げされた。日本の排他的経済水域（EEZ）は世界で6番目の広さがあり、暖流と寒流が流れ、複雑な海岸線と相まって、世界でも有数の漁場だった。

しかし、世界の漁業と養殖を合わせた水揚量は1988年から2022年にかけて1億トンから2・2億トンへと倍増しているのに対し、日本では1984年の1282万トンをピークに、2022年には392万トンと3分の1以下に減少している。

異変は日本の海だけではなく、わたしたちの食生活にもおよんでいる。

食品スーパーでは、サケ・マグロ・ブリのような魚しか売れず、大衆魚と呼ばれ親しまれてきたイワシやサンマが消費者に敬遠されているというのだ。イワシやサンマには小さな骨がたくさんあって食べにくく生ごみが出るが、サケ・マグロ・ブリなら切り身や刺身で食べられるので手間がかからず生ごみも出ない。

日本人1人1年あたりの魚介類の消費量も2001年の40・2キロをピークに減少をつづけ、2023年には21・4キロとほぼ半減した。2011年には消費量で肉類に逆転され、差は広がる一方だ。日本人は魚を食べなくなってきている。「水産白書」（2022）の「年齢階層別の魚介類の1人1日当たり摂取量の変化」（図5−5）をみると、特に40代と50代で魚離れが進んでいることがわかる。

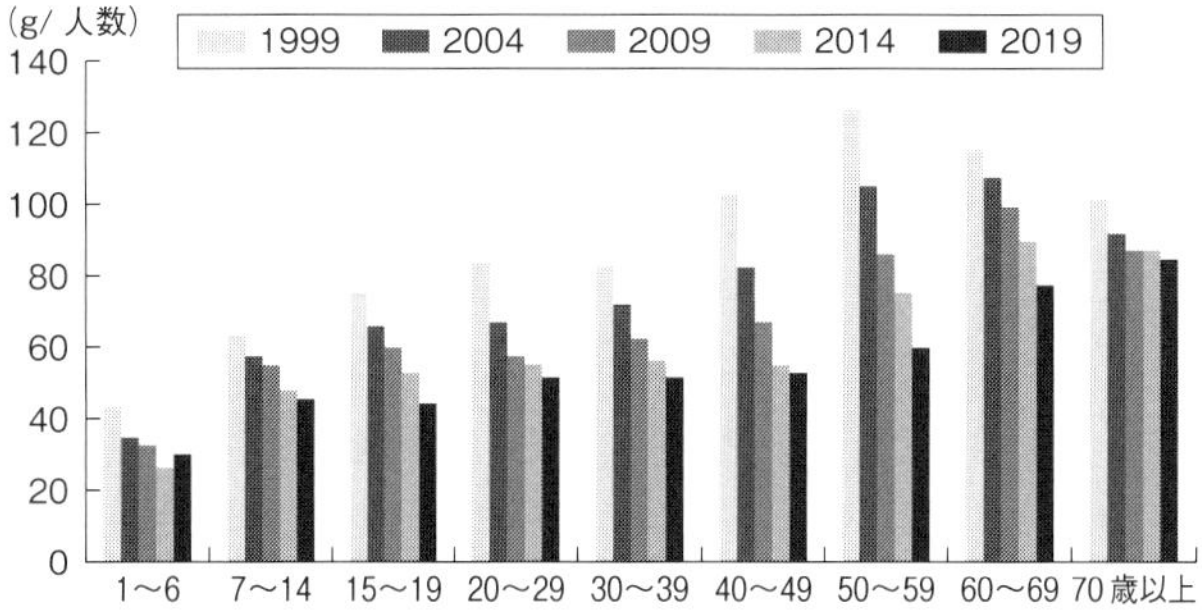

図 5-5　年齢階層別の魚介類の 1 人 1 日当たり摂取量の変化。資料「国民健康・栄養調査」（厚生労働省）より作成（出典：水産白書、2022）

世界有数の豊かな海であったはずの日本の海、そして、わたしたちの食卓にいったい何が起こっているのか。

†日本近海から魚が消えたのはなぜか?

農林水産省は漁獲量の減少の原因のひとつとして、地球温暖化による海水温の上昇をあげている。気象庁によると、日本近海の海面水温は２０２３年までの１００年間で平均１・28度上昇しており、これは世界の平均的な海面水温上昇の2倍のスピードだという。

２０２３年6月から8月にかけては、北日本近海で海面水温の極端な高温がつづく海洋熱波が発生している。このため青森の陸奥湾ではホタテの稚貝の大量死が発生し、北海道の羅臼昆布の養殖にも甚大な被害が出た。２０２３年11月に視察した宮城県気仙沼市でも、地元の漁師が「高水温で死ぬ魚がいた」と話していた。逆に北海道では、これまで漁獲量の少なかったブリが大漁となり、水揚量が1990年代の20倍になった。

農水省は原因として、ほかにも漁業就業者や漁船の減少による生産体制の脆弱化をあげている。漁業就業者数は2003年に23・8万人いたのが2022年には12・3万人に、漁船の隻数も2003年に21・4万隻だったのが2022年には10・9万隻と半減している。

一方、大手水産会社社員で漁業ジャーナリストでもある片野歩《かたのあゆむ》氏は、「日本の水産資源管理は、漁業者による自主管理が主体となっており、日本の水揚量の大幅な減少の原因は科学的根拠に基づく水産資源管理制度の不備にある」と指摘している。

日本では「漁獲枠（TAC：魚種ごとの漁獲可能量）」が科学的に漁獲していい量よりも高く設定されている。そのため漁業者は好きなだけとれるが、本来保護しなくてはいけない未成魚や産卵魚までとることになり、資源は枯渇していく。

それに対して北欧・北米・オセアニアなどの漁業先進国では、基本的に漁船ごとに個別に漁獲枠が決まっている。そのため漁業者は、豊漁が望めたとしても、魚をとれるだけとろうとは考えない。水揚げが集中すると魚は安くなり、水揚げ金額が減ってしまうからだ。少しでも魚を高く売るには漁獲量をセーブしたほうがいい。そうすれば水揚げ金額は上がり、水産資源は保護されるという好循環が生まれるというのだ。

じっさいにノルウェーでは、1988〜1990年と2015〜2017年を比較すると、水揚量は約3割程度の増加であるのに対し、水揚金額は4倍弱に増加しており、水揚量を抑えながら水揚金額を大幅に伸ばすことに成功しているという。

†混獲と捨てられる魚たち

国連食糧農業機関（FAO）が2020年に出した報告書によると、世界の大半の地域では全漁獲量の約30〜35％が廃棄されているという。

明治学院大学経済学部の神門善久《ごうどよしひさ》教授は、「あまり知名度のない魚は、どんなにおいしいものでも市場で買い手がつかない可能性がある。つまり、水揚げ後の費用が賄《まかな》いきれない危険性があるとして、知名度のない魚は洋上で投棄されてしまうのだ。日本沿岸の水産資源が減少して危機的状況にある一方で、このような資源の浪費が行われている」と指摘している。

日本では、これまで漁の対象となる魚種以外の魚が網にかかってしまう「混獲」はやむを得ないとされてきた。せっかく網にかかっても市場で売れない魚種や未成魚は海上投棄されてしまう。

ＦＡＯによると、よく漁獲される魚種の上位25種類が全漁獲量に占める割合は、日本（89・7％）、米国（88・7％）とほぼ同じである。同じ緯度の漁場を持つ米国では「混獲」管理が実施されている。同じ条件の米国でできているのなら、日本で「混獲」管理ができないという理由は成り立たない。

逆にいえば、漁獲魚種上位25種の漁獲枠を設定すれば、日本は水産資源の9割近くを管理できることになる。

気候変動による海面水温の上昇については、地道に脱炭素化を進めていく以外ないが、科学的な根拠に基づく漁獲枠の追加と漁獲量のセーブなら、資源の枯渇の前に早めに手を打つことができるはずだ。

†未利用魚の活用

「未利用魚」とは、サイズが規格外だったり、まとまった数がそろわなかったり、一般にあまり知られていなかったり、あまり流通していない魚のことを指す。こうした魚は市場に出まわっても、なかなか買い手がつかないために低価格で取り引きされるか、手間を省くために海上投棄されることが多い。

これまで捨てられていた「未利用魚」を食べることは、食品ロスを減らすことにつながる。日本でも漁業者から「未利用魚」を直接購入できるサイトがあり、コロナ下の巣ごもり需要やウクライナ危機による物価高騰で一気に消費者の心をつかんだ。

2022年7月4日に放送されたNHK「クローズアップ現代」では、「価値のなかったもの（未利用魚）に価値がついて、救世主です。0円のものに対して、千円でも何百円でも価値がつくんで、それはもう全部プラスです」という漁業関係者の声が紹介されていた。

第6章

食べものを捨てるとき、わたしたちは何を捨てているのか

1　食品ロス削減は何につながるのか

食品ロスの講演をしたり記事を書いたりすると、返ってくる言葉がある。

「食品ロスを減らすと経済が縮むのではないか」

本当にそうだろうか？　食品ロスの削減と経営を両立させている事例をみてみよう。

†食品ロス削減と売上アップの成功事例

スーパーでは、食品を賞味期限・消費期限ギリギリまで売らず、その手前の販売期限で商品棚から撤去し、処分するのが通例だ。京都市と市内のスーパー「イズミヤ」「平和堂」が、賞味期限や消費期限ギリギリまで販売する実証実験を1カ月間おこなったところ、食

品ロスを10％減らし、売上は5・7％増やすことができた。

中国・四国・近畿地方でスーパーマーケットを100店舗以上展開する「ハローズ」は、2015年に0・8％だった食品廃棄率を2024年に0・4％まで半減させることにより、8億円分のコスト削減をおこなうとともに、売上を1・9倍（2023年実績）に伸ばすことに成功している。それでもどうしても残ってしまう余剰食品は食料支援団体に直接引き取りに来てもらい寄付している。この「ハローズモデル」を競合スーパーも含め地域に普及させた功績が評価され、同社は2020年に「食品ロス削減推進大賞」を受賞した。

広島のパン屋「ブーランジェリー・ドリアン」では、常連客に焦点をしぼり、以前は40種類以上作っていたパンを、まき窯《がま》で焼く日持ちする4種類に減らし、その代わりに上質な国産の有機小麦とルヴァン種を使い、徹底的に味にこだわったところ、売上を維持しながらも2015年秋からパンを1個も捨てていない。

ある回転寿司チェーンは「できたてをお客様に提供したい」という思いから、回転レーンを「まわさない」店舗を2012年に開店させた。通常、回転寿司では、数回転して客に取ってもらえなかった寿司は、ネタが乾いてしまうので廃棄される。そこでその回転寿司チェーンでは、客の注文を受けてから握るようにし、専用レーンで握りたての寿司を提供することにした。以前は「まぐろ150皿」など売れそうな量を感覚で準備していたが、注文データを翌日以降の食材準備に活用し、食材の無駄も削減することができるようになった。こうしてその回転寿司チェーンでは食品ロスを削減しつつ売上を1・5倍に伸ばすことができた。

これらの事例は、食品ロスを削減しつつ売上を維持する（あるいは伸ばす）ことは可能だということを示している。

次に食品ロスを減らす意義や影響について考えてみたい。主なものを三つあげてみよう。

†経済的影響――5年間の経済損失は285兆円

2005～2009年の食料価格に基づいて国連食糧農業機関（FAO）が推計した世界の食品ロスの経済損失は、社会的・環境的コストを織り込んだ場合、2・6兆ドル（約285兆円）。日本の2023年度の当初予算は114兆円であったが、その2・5倍だ。

食品を捨てることは、単にその食品を捨てるにとどまらない。牛や豚など家畜を育てるにも、稲や野菜を栽培するにも多くの人手がかかっている。食べられるように加工し、スーパーやコンビニに運ぶにも、多くの人手とエネルギーが使われている。食品を捨てることは、それらの経済活動を丸ごと無駄にしてしまうということだ。そして日本ではまだ十分に食べられる食品を、ごみ処理場で莫大な費用をかけて焼却処分している。

†環境的影響——化石燃料すべてやめても1・5度超に

環境への影響は、現在、もっとも注目されている分野である。国連の気候変動に関する政府間パネル（IPCC）は、世界で排出される温室効果ガスのうち、8〜10％は食品ロスに由来するとしている。また、21〜37％は食料システム（食料の生産、加工や輸送、消費などに関わる一連の活動）から排出されたものだと推定している。

たとえ明日からすべての化石燃料の使用をやめても、食料システムからの排出量だけで、今世紀半ばには、地球の気温上昇はパリ協定の抑制目標である1・5度を超えてしまう（2020年11月発行「サイエンス」）。

世界中の食品ロスを仮にひとつの国にたとえると、中国、米国に次いで、世界第3位の温室効果ガスの排出源となることは、第5章でも述べたとおりだ。温室効果ガスは、気候変動を悪化させ、異常気象は農畜水産物の栽培・飼育を困難にする。

グローバル化した現代の食品産業において、わたしたちの食べる食品は、多かれ少なかれ世界の食料システムとつながっている。世界のある場所での食品の需要は、何千キロも離れた土地の開拓をうながす。アマゾンや東南アジアの熱帯雨林が焼きはらわれ、大豆やアブラヤシの大規模農園が次々開拓される。それほど環境に負荷をかけて農作物を栽培しておきながら、結局、それらが食べられることもなく捨てられているとしたら、熱帯雨林の開拓にいったい何の意味があるだろう。

食料自給率38%(カロリーベース、2023年)の日本では、その多くを海外からの輸入に頼っている。食料の重さに運ぶ距離を掛けた「フードマイレージ」をみると、日本は1人あたり6628トン・キロメートル(2016年)。米国(1051トン・キロメートル)やフランス(1738トン・キロメートル)の4〜6倍である。

人間の生活を維持するためにどのくらいの面積が必要かを数値にした「エコロジカル・フットプリント」によれば、世界中の人が日本人と同じ生活をするには、地球が2・9個必要だ。わたしたち日本人はそれだけ地球環境に負荷をかけているということになる。

†社会的影響——教育や雇用の機会奪う

2020年7月、国連食糧農業機関(FAO)を取材した際、駐日連絡事務所のチャールズ・ボリコ所長(当時)は世界の食品ロスの社会的影響について次のように話していた。

「食品ロスによる世界の経済的損失は2・6兆ドル(約285兆円)。そのお金が使えたら、どれくらいの学生が奨学金をもらって進学できたでしょう？　どれだけの雇用が創出され、どれだけの人が仕事を見つけられたでしょう？　どれだけ多くの学校、病院、道路をつくることができたでしょう？　わたしたちは食品ロスによって何かを失っているのです」

消費者庁によると、日本の2022年度の食品ロス量472万トンをもとに推計した経済損失は4兆円。この4兆円が自由に使えたら日本でも、高校の授業料（3000億円）と大学の授業料（3・1兆円）の無償化、学校給食の無償化（約4832億円）、奨学金の増額、公的保険医療の自己負担減額、年金支給額の増額のいずれかができたはずである。

食品ロスは、わたしたちが受けられたはずの医療や教育、福祉、雇用などの機会を奪っているのだ。社会的影響に関連して「倫理的影響」について言及する人もいる。まだ十分食べることができる食品を捨てることは、経済的に困窮している人の食の機会を奪うことでもある。

資源を一切ムダにしない「持続可能な大会」をレガシーにすることを謳《うた》っていた2021年の東京オリンピックでは、ボランティア向けの弁当13万食（1億1600万円相当）がこっそりと処分されていた（2021年12月に、じつはボランティア向け弁当160万食のうち2割にあたる30万食が処分されたと公表された）。捨てるなら食べられない人に渡したらどうかと署名運動が起こり、関係者は6万人の署名を東京オリンピック大会組織委員会に提出したが、許可されることはなかった。

２０２４年の同パリ大会では期間中に１３００万食以上の食事が提供された。ＡＰ通信によると、わかっているだけでも40トン近くの余剰食品が回収されて、必要とする人に再分配されている。パリでできたことが、東京でできなかったのはなぜなのだろう。

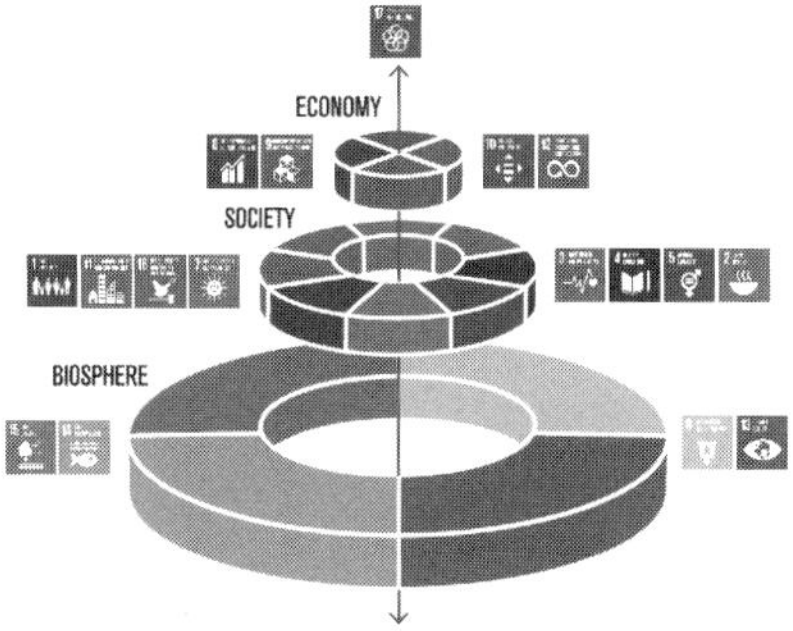

SDGsのウェディングケーキモデル（出典：Stockholm Resilience Centre）

ＳＤＧｓの理念は「誰ひとり取り残さない」だが、現実には日本にも今日食べるものすらなく困っている人たちがいる。世界では何億人もの人たちが食料不安や飢えに苦しんでいる。平気で食べものを捨てることは、倫理的・道徳的にいかがなものか。

英国で小売3番手だったスーパーマーケットのテスコを世界第3位にまで成長させた元経営者のテリー・リーヒー氏は、著書で「自然資本」を大切にし、経営と両立させる重要性について触れている。「自然資本」とは、たとえば、海から得られる魚介類、牧場で得られる肉や牛乳、農場から得られる野菜や果物など、自然環境から得られる資源のこと。自然資本から得られるサービスの価値は、世界のGDPの1・6倍、年間124・8兆ドルにのぼると試算されている(Robert Costanza, Rudolf de Groot, et. al. 2014)。コロナ禍では「経済が先だ、環境は二の次」という言葉が聞かれた。だが自然環境から得られる資産がなくなったらどうなるか？世界のGDPの1・6倍の資産価値を失ってしまうのだ。

3段重ねのケーキを模したSDGsの「ウェディングケーキモデル」(前ページ)は、もっとも重要な土台に自然環境が位置し、その上に社会、経済がある。食品ロスを最小限にすることは、自然資本を持続させること。それが、ひいては経済の循環につながっていく。食品ロスを減らして自然資本を持続させてこそ、経済循環を持続させることができるのだ。自然に対する謙虚さを、いまこそ取り戻すべきではないだろうか。

2 食品ロス削減のカリスマが説く「三つの3」

†世界的な食品ロス問題専門家

セリーナ・ユールは、北欧デンマークの活動家、食品ロス問題の専門家として世界的に有名な女性である。彼女は2008年からデンマークの食品ロス問題に取り組み、政府や王室をも動かし、5年間でデンマークの食品ロスを25%削減するという快挙をなしとげた立役者だ。いまは国連や国連食糧農業機関（FAO）など国際機関の活動にも協力している。

セリーナ・ユール（本人提供）

数年前、筆者は彼女を取材する機会があったが、とにかくチャーミングでエネルギッシュな人だ。休む間もなく動きまわり、どんどん人を巻きこんでいく。彼女に頼まれれば、超多忙な有名シェフであっても、嫌な顔ひとつせず協力してくれるというのもうなずける。

セリーナ・ユールは1980年にロシアのモスクワで生まれ、13歳のときに家族とデンマークに移り住んだ。言葉もわからなかった移民の少女が活動家となり、移住先の国や社会を動かして活躍する、そのことに感銘を受ける。

本人はさばさばしたもので「活動といっても最初はフェイスブックでグループをつくっただけ」と語る。「ロシアのスーパーの食品棚はいつも空っぽだったから、食べものの大切さは子どもの頃から身に染みているの。それがデンマークに来てみたらスーパーには食べものがあふれていて、みんな食べものをそまつに扱っているでしょ。それがとてもショックだった。そのことが、私が食品ロス問題に取り組もうと思った原動力かな」と屈託がない。

取材時に彼女から食品ロスの「三つの3」を教えてもらった。それは次のようなものだ。

1. 地球上の二酸化炭素排出量のうち、3分の1が食料生産の過程で発生している。
2. 環境に負荷をかけて生産された食料の3分の1にあたる13億トンが捨てられている。
3. 気候変動を防ぐためにできる10のことの第3位は「食品ロスを減らすこと」である。

「こうして並べてみると、食品ロスを減らすことが、いかに大切かわかるでしょ」とセリーナ・ユールは話していた。本節では新しい知見も加えた最新版の食品ロスの「三つの3」を紹介したい。

†食品ロスの「三つの3」

最新版の「三つの3」と、その詳細は以下のとおりである。

1. 世界の温室効果ガス排出量の3分の1は食に関連

2021年3月に「ネイチャー」誌に掲載された論文では、1990年から2015年にかけて世界中で人為的に排出された温室効果ガスのうち、3分の1は「食」に関係していたことが発表された。その推定値は25〜42%と、国連の気候変動に関する政府間パネル(IPCC)の推定値21〜37%を上まわった。論文では「2015年の温室効果ガス排出量のうち、食料システムによるものが34%を占める」としている。

2. 食品ロスは世界第3位の温室効果ガスの排出源

第5章でも述べたが、温室効果ガスの排出量の多い国は中国、米国とつづくが、世界中の食品ロスを国に見立てると排出される温室効果ガスはワースト3にランクインする。理由は、これまでの章でも見てきたように、水分の多く含まれる生ごみは燃やしにくく、焼却処理する過程でたくさんの二酸化炭素を排出し、埋め立てると、二酸化炭素の28倍以上の温室効果ガスといわれるメタンを排出するためだ。こうして世界の食品ロスから年間44億トンもの温室効果ガスが排出されている(世界資源研究所/FAO)。

3．気候変動を防ぐためにできる100のことの第3位は「食品ロスを減らすこと」

第5章でも紹介した「プロジェクト・ドローダウン」では、世界の70人の科学者と120人の外部専門家による二酸化炭素の削減量や実現可能性、費用対効果の検証に基づき、地球温暖化を「逆転」させる100とおりの解決策を提示している。その100とおりの気候変動対策の中で第3位となっているのが、食品ロスを減らすこと。ちなみに、2021年のCOP26で議論されていた電気自動車は26位、飛行機の燃費向上にいたっては43位である。

セリーナ・ユールの取材時には、FAOが2011年に発表した「世界の食料生産のうち、3分の1にあたる13億トンが捨てられている」というデータが世界の食品ロスを表す数字として広く使われていた。2021年7月、世界自然保護基金（WWF）は、実は世界の食品ロスは13億トンではなく、25億トンだと発表した。農場からの食品ロス12億トンが見過ごされてきたためだという。となれば、およそ40億トンの世界の食料生産量のうち2分の1以上が無駄に捨てられていることになる。そんなわけで、ユールによる食品ロスの「三つの3」の2番目を、温室効果ガス排出源ワースト3に関するものに差し替えた。

†日本の食品ロス削減目標は「甘い」

取材時にセリーナ・ユールから「日本は2030年までにフードウェイストを半減するという目標を立てたんでしょ。それが達成できなかったらどうなるの？」と逆に質問された。筆者は、日本の目標値は食品ロス量が多かった2000年度と比較して半減とされており、おそらく達成できる目標値だと説明すると、「それで本当に効果があるの？　それじゃ大きな変化は期待できないんじゃない」と指摘された。「そんな甘い目標の立て方では……」と受け取った。

国連の持続可能な開発目標（SDGs）12・3のターゲットである「フードウェイスト（食品廃棄物）の半減」について、日本の比較対象はゴールである2030年に対して30年も前の数値である。英国は2007年比で2030年までに半減。ドイツは2015年比で2025年までに30％削減、2030年までに半減。フランスは2015年比で食品流通は2025年までに、そして生産・加工・消費は2030年までに半減としている。

そもそもSDGsとは、まず理想となる目標を掲げ、その目標に対して、いま何をすべきかを逆算して計画を立ててゆく「バックキャスティング」型の方法論だが、日本の目標の設定の仕方は、現時点の状況を見て「このくらいなら達成できそうだ」と石橋をたたい

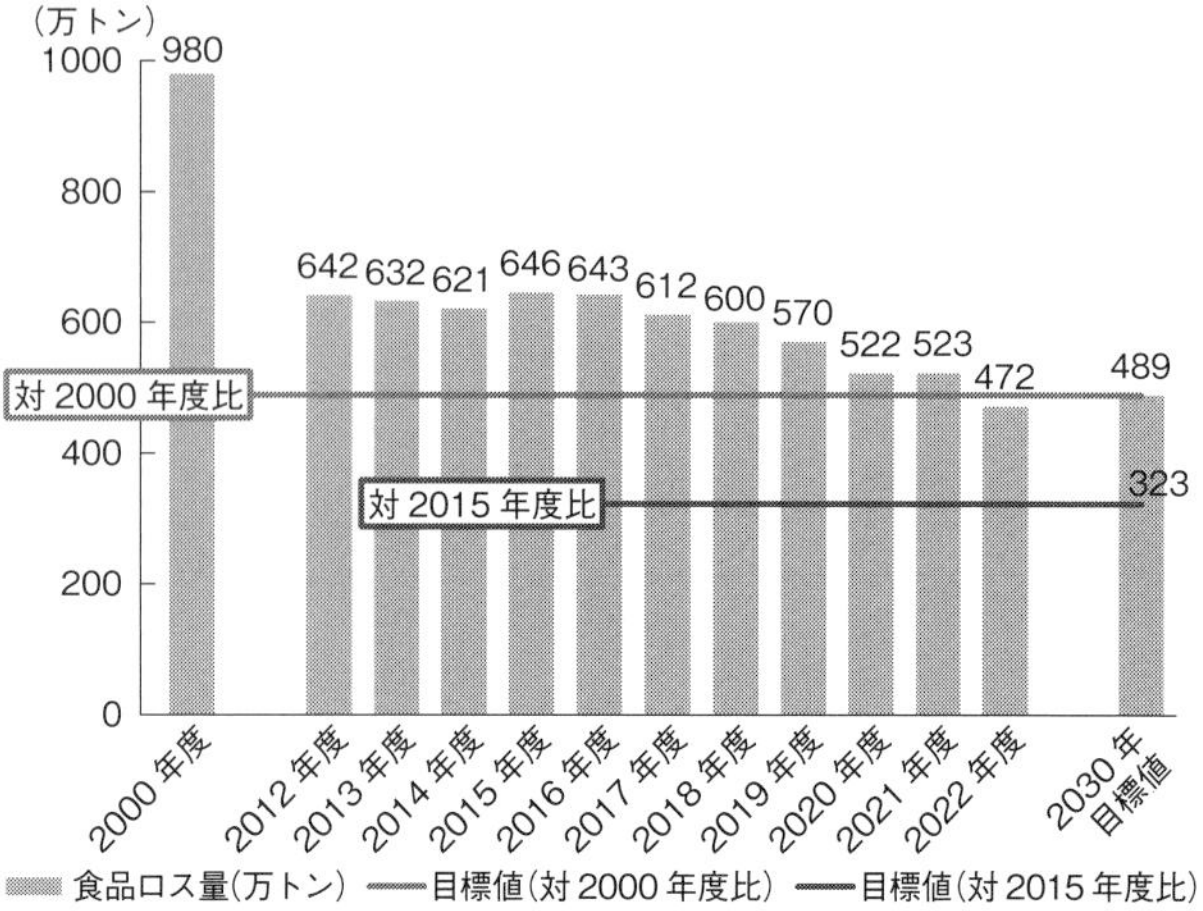

図6-1　SDGs12・3削減目標と日本の食品ロス推計値の推移（環境省・農水省のデータをもとに作成）

て渡る「フォーキャスティング」型の方法論なのだ。

図6−1からわかるように、日本の2000年の食品ロス推計値は980万トンと、2015年〜2019年までの5年間の食品ロス量（平均614万トン）に比べてかなり多い。日本もドイツやフランスのように2015年比にできなかったのだろうか。2000年比の食品ロス量の半減だと削減目標は489万トンだが、2015年比であれば削減目標は323万トンとなる。

†食品ロス対策にも脱炭素予算を

削減目標のハードルを上げるのなら手厚い対策が必要となる。そこで提案したいのは、食品ロス削減を、日本政府の温室効果ガス排出削減目標である「国が決定する貢献（NDC）」に組み入れることだ。食品ロス削減対策にしっかり国家予算をつけるのだ。日本は2022年度に食品ロス量を削減目標だった489万トンを下まわる472万トンまで減少させているので、新たな削減目標を立てるにはちょうどいい機会ではないだろうか。

世界に先駆けて食品ロス削減で脱炭素に力を入れる。何といっても、食品ロス削減に1ドル投資すれば、さまざまな点で14ドルのリターンが見込めるという試算（英WRAP）もあるくらいなのだから。

食品ロスの削減で「カーボンニュートラル」というのは、原子力発電への回帰や「技術的課題があり高コストでネットゼロ達成と両立しない」とされる石炭とアンモニアの混焼などの石炭火力新技術より、ずっと環境にいいと思うのだが。

†食品ロスのない星を夢見て

さて、セリーナ・ユールのお膝元デンマークで「三つの3」への対策をビジネスに組み入れて実践している企業があるので紹介したい。Too Good To Go（トゥー・グッド・トゥ・ゴー：以下TGTG）は、食費をできるだけ安くおさえたい消費者と、食品ロスを削減したいベーカリーやカフェ、レストランなどの小売業者や飲食店をつないでフードシェアリング・サービスをおこなうスタートアップ企業である。

ＴＧＴＧのアプリを使うことで、消費者は定価の半額以下で食品を入手でき、店側は新規顧客の獲得と食品ロスを減らしながら経費の回収ができる。そのうえ地球環境のためになるという「三方よし」の仕組みだ。

ＴＧＴＧは、２０２４年12月現在、欧米18カ国とオーストラリアでビジネスを展開し、1億人の登録ユーザーと17万社のパートナー企業を抱えるグローバル企業となっている。環境や社会に配慮した企業だけに与えられる「Ｂコープ認証」を取得している。

†「見て、かいで、味わって」食品ロスを減らそう

筆者はセリーナ・ユールの紹介で、２０１９年に同社創業の地デンマークのコペンハーゲンで、はじまったばかりの「見て、かいで、味わって」キャンペーン（第2章第3節、同第4節参照）を取材している。

賞味期限の切れた食品はもう食べられないと捨ててしまう消費者が多い現実に一石を投じるため、ＴＧＴＧは「見て、かいで、味わって」ラベルをつくり、賞味期限の過ぎた食品を捨てる前に、自分の五感を信じて「目で見て、においをかいで、味を確かめてみて、

食べても大丈夫かどうかを自分で判断しましょう」と消費者に呼びかけることにしたのだと、同社マーケティング責任者（当時）ニコライン・コッホ・ラスムセンさんが教えてくれた。

取材から5年たったいま、キャンペーンに賛同した15カ国の500以上のブランドが自社製品のパッケージにTGTG特製の「見て、かいで、味わって」ラベルを採用している（第2章参照。78ページ写真）。こうしたTGTGと食品企業のコラボによる消費者啓発活動もあり、デンマークでは25％も食品ロスを減らすことができた。

フードシェアリング・サービスを提供する企業はたくさんあるが、食品ロス削減のための消費者啓発活動や政府機関への提言まで、さらっとやってのけるような企業はそうはない。そんな企業だから、一見大げさな「食品ロスのない星」という同社の目指す未来像も、すなおにカッコよく思える。それは多くの食品企業が、より早く、より低コストで生産して利益を上げることを最優先にし、経済的な合理性が高ければ食品ロスを出すことも「よし」とする風潮への異議申し立てでもあるのだろう。

何しろ「ごみ箱が最大のライバル」と公言し、「一人がごみの量をゼロにしようとするより、多くの人がごみを少しずつ減らしたほうが大きなインパクトを生む」が持論の女性が最高経営責任者をしている企業なのだ。

†小売・製造業者とも提携しビジネスを拡大

筆者の取材に、TGTGの新しい取り組みとしてニコラインさんが紹介してくれたのは、スーパーやコンビニなど小売との提携だった。同社ではそれまでレストランやカフェなどの飲食店と消費者をつないできたが、2019年からは小売と消費者のフードシェアリングを扱うようになっていた。

消費者がアプリを使い、モリソンズ、スパー、カルフール、ホールフーズなどの小売業者が店頭で販売している生鮮食品や加工食品を割引価格で買えるようにしたのだ。

TGTGのフードシェアリングでは、店側は食品の詰め合わせを提供するようになっているため、消費者は何が入っているのか開けてみるまでわからない。店側は店頭で割引販売をすることもできるが、その場合、どうしても手に取ってもらえずに売れ残る食品が出る。

TGTGのサービスなら、店側は食品ロスが出ないようにバランスよく詰め合わせることができるというメリットがある。ただしその場合、消費者側で食品ロスになる可能性もあるわけで、食品ロスを転嫁しただけだと批判する向きもあるかもしれない。消費者にゆだねることにはなるが、食品ロスになってしまう余剰食品ばかり詰め合わせるような店は、市場の法則にしたがって、いずれ淘汰されていくのだろう。

同社はその後2023年に、フランス、デンマーク、オランダ、ベルギー、イタリアの5カ国を手はじめに「TGTGパーセルズ（小包）」というサービスをはじめている。これは食品製造業者・卸売業者と消費者をつなぐサービスである。

パッケージの変更、売れ残った季節商品、外箱に傷があるなど、さまざまな理由から製造業者や卸売業者の手元には、小売業者には納品できないがまだ十分に食べられる余剰食品が残る。そうした訳あり商品を割引価格で消費者に販売する（仲買業者への転売はしない）というコンセプトだ。

提携している製造業者には、ユニリーバ、ダノン、コカコーラ、トニーズ・チョコロンリーなどがある。

「TGTGパーセルズ」の利点は、大きく分けてふたつある。ひとつめは、製造業者や卸売業者に対して通常なら廃棄かフードバンクに寄付するしかない余剰食品を割引販売して利益を得るというもうひとつの選択肢を与えたこと。ふたつめは、ロシアのウクライナ侵攻以降つづく物価高に苦しむ消費者にとってはお得な価格で食品を調達できるということだ。

食品ロスは地球上にまだまだたくさんあり、日々大量に発生している。筆者も「食品ロスのない星を夢見て」いる一人として、TGTGの活動を励みに、これからも食品ロス問題に取り組んでいこうと思う。

3 食べものを捨てるとき、わたしたちは何を捨てているのか

「僕のいた禅寺では、献立は畑と相談するんやと言われた」

これは2022年に公開された中江裕司監督の映画『土を喰らう十二ヵ月』で沢田研二演じる主人公が語る言葉だ。

映画の主人公の、あるものでまかなう暮らしぶりや、旬の山菜や畑の野菜をていねいに調理し、おいしそうにほおばる映像に目を奪われた。山や沢に分けいってナメコやセリを採るのはむずかしそうだが、野菜の皮や根まで使い切る姿勢は見ていてすがすがしかった。

映画の主人公のモデルとなった作家の水上勉は、9歳で京都の禅寺の小僧となり、精進料理を習った。禅寺では、食事の際、合掌して「五観《ごかん》の偈《げ》」を唱えてから食べていたという。

本節では、「食べものを捨てる」ことの本質を、日本における食との向き合い方をさま

ざまに取り上げながら、あらためて考えてみたい。

†「いのちあるもの」をいただくことも修行

「五観の偈」とは、鎌倉時代の禅僧・道元の書いた『赴粥飯法《ふしゆくはんぽう》』（1246年）にある、修行僧が食事をいただくときの心得を表したものだ。水上勉は、その心得を著書『精進百撰《しようじんひやくせん》』（1997年）で次のように説明している。

「目前に置かれている食事が出来上がってくるまでの手数の多いことを考え、その供養を受ける資格が自分にあるかどうかを反省してからいただこう、という意味である。畑にしても山にしても長芋を掘るにもたいへんな労力が要るし、豆腐一丁つくるにもいく段階もの手数がかかっている」

禅の教えでは「食も修行のうち」で、料理することも食べることも仏道の修行と考えられている。

一回の食事に含まれる食材は複数ある。その一つひとつに人の手数や労力がかかっているのは言うまでもないが、野菜や果物は、それぞれいのちあるもの。人はたくさんのいのちを奪わなくては生きていけない。そのいのちに報いるためにも、自分がそれらのいのちをいただくのにふさわしいおこないをしてきたかどうか見つめ直す必要がある。

禅寺ではそれを「五観の偈」として食事の前に必ずおこなう。「食も修行のうち」とはそういうことだ。

この禅の考え方は、現代を生きる一般の人にとっても、食事のときに料理と向き合う心得として有効だと考える。食品ロスについての考え方も変わってくるかもしれない。

†「いただきます」という向き合い方

十数年前、あるラジオ番組で「給食費を払っているのだから、うちの子どもに食事の前に『いただきます』と言わせないでほしい、と学校に申し入れた母親がいた」という投書が発端となり、論争になったことがあった。

この論争の背景には、「お金を払っている側が感謝するのはおかしい」という考え方と、「食材のいのちや関わったさまざまな人たちの労力への感謝の心を示すことは必要だ」という考え方との違いがあったのだろう。意外なことだが、中には「いただきます」や「ごちそうさま」という、ごくありふれたあいさつにさえ宗教色を感じ、学校にはふさわしくないと思った人もいたようだ。

しかし、禅宗で食事の前に必ず唱える「五観の偈」の中に「いただきます」という言葉はない。

筆者は、学校で「いただきます」を強制する必要はないと思うが、「食材のいのち」のこと、目の前に給食が並ぶまでにどれだけたくさんの人が関わっているのかについては、授業でしっかり教えてほしいと考えている。

†手間を惜しまず、食材を使い切る

さて、食事をいただくときの心得である『赴粥飯法』に対し、料理をする者の心構えとして書かれたのが『典座教訓《てんぞきょうくん》』（1237年）である。「典座」とは禅寺で炊事をつかさどる役職のこと。ここで道元は、料理をする修行僧がどのような心構えで食材と向き合えばいいかを説いている。

いくつか例をあげてみよう。

- 食材の量、質の良し悪しにかかわらず真心をこめて、ていねいに料理すること
- すべてのものには、時、旬があること
- 食材はわが子を思う親の慈しみの心をもって大切に扱うこと

・たとえそまつな菜っ葉汁をつくる時もおろそかにせず、逆にぜいたくな料理をつくる時も浮かれてはならないこと

「精進料理」が単に肉や魚を使わない料理ではないことがわかる。世にベジタリアンやビーガン向けの料理はたくさんあるが、それらすべてが精進料理というわけではない。精進料理であるためには、かつお節やコンソメを含め動物由来の食材を使わないこと、旬の食材を使うこと、食材をおろそかに扱わないこと、手間をおしまずに食材に向き合うことが求められる。ふつうなら「野菜くず」扱いされる野菜の切れ端を活《い》かした「けんちん汁」や「大根の皮のきんぴら」などが、代表的な精進料理とされるのはそういうわけだ。

「食材を余すことなく使い切る」で思い出すのは、美食家として知られた北大路魯山人《きたおおじろさんじん》だ。魯山人が板場で料理をすると、ほかの料理人に比べて、ごみが3分の1しか出なかったという。魯山人の料理に向かう姿勢は以下の言葉からうかがえる。

「廃物利用とひとは呼んでいるが、だいこんの皮の部分というものは、元来廃物ではない」

「料理が材料の持ち味を活かすことにあるとすれば、利用し得るもの総《すべ》てを利用してこ

そ、初めて料理――すなわち、『ものの理《ことわり》を料《はか》る』という名に価《あたい》し、料理人たる資格があると言い得られる。それこそ料理の心と言うものである」

北大路魯山人著『料理は道理を料るもの』より

『典座教訓』は料理をする修行僧のための規範だが、プロの料理人の心得としても十分通用するということだ。

†食材と向き合うとは、どう生きるかということ

この『典座教訓』を愛読書としてあげているのが、ドキュメンタリー映画『0円キッチン』『もったいないキッチン』で知られるオーストリア人のダーヴィド・グロス監督である。食品ロスという重くなりがちな社会課題を、ポップなロードムービー風ドキュメンタリーに仕立てる腕前は、映画が上映されたヨーロッパや日本で評価されている。

グロス監督は、映画で伝えたかったことを「HUFFPOST」でこう説明している。

「私たちが最終的に目指す問題は『フードロス削減』ではありません。

プラごみを減らそう、フードロスを減らそう、環境問題を解決しようなどといったこ

とはあくまで課題にすぎず、本当の目的は、全て取り組むことで一人ひとりの魂／良心を救うということだと考えています。

命ある食物を大切に扱わず、モノとして、ゴミとして捨てていることは、自分たちの魂を捨てている・傷つけているに等しいということを理解することが大事なのです。

映画のなかで野草料理専門家のおばあちゃんが言っていたように、スーパーに依存するような食生活からなるべく離れて、食べ物が育つ土に触れることで、心が豊かになる。食べ物を救い出すことは、自分自身を救い出すことにつながります」

食べものを捨てることは自分のたましいを捨てること。食べものを救うことは自分を救うこと。目の前の食材や料理とどう向き合うかは、自分自身がどう生きるかということ。道元の言いたかったことも、つまりそういうことなのだろう。

世界で年間13億トン、日本で年間472万トン（2022年度推計値）もの食品ロスが発生し、社会課題となっている現代だからこそ、800年前の道元の言葉が、料理をする人にとっても、食べる人にとっても、いま再び輝きを増している。

4　自然から頂戴する――『北の国から』に学ぶSDGsな生き方

「出されるゴミを見ていると、日本人の暮らしがわかるっていうけど、全くだ。とくに毎週土曜に集められる粗大ゴミの山なンか見てみたら、ホント、日本はどうなってンのかと思っちゃう」

これはドラマ『北の国から　'95秘密』の冒頭、黒板純《くろいたじゅん》（吉岡秀隆）の語りである。

『北の国から』というと、つい、北海道の大自然の中で繰り広げられる小さな家族の物語と、キタキツネやエゾリスなど愛らしい野生動物たちの姿に目を奪われがちだが、痛烈な文明批判にもなっているのだ。

†「捨てる」とは何か――ドラマが問いかけたもの

あらためて1981年の第1話から『2002遺言』までを通して観ると、すでに81年からその姿勢がはっきりしていて驚かされる。

たとえば第4話には、まだ小学生の純と妹の螢（中嶋朋子）が通う分校で、担任の涼子先生（原田美枝子）が「生産調整」について子どもたちと話す場面がある。「せっかく食べられるものをよ？　苦労して作ったのにわざわざ捨てちゃう。もったいないねえ」と、先生は言い、こう問いかける。「スーパーに行けば玉ネギ1個いくらってかいてあるよね。捨ててあるとこ行って拾ってくればただだよね。どうしてただのほうみんなとらないンだろ」

螢はこう答える。「うちは父さん拾ってくるよ。ニンジンもね、オジャガもね、畠行くとごろごろ捨ててあるから」。すると他の子から「そういうの拾っちゃいけないンだゾ」となじられる。買わなければ農家が困るからと。

それに対して先生は「それじゃ捨てないで売ればいいじゃない」と突き放す。

『'95秘密』には、その父親・五郎（田中邦衛）が、畑に捨ててあるニンジンを拾う場面が出てくる。息子の純が恋人のシュウ（宮沢りえ）を紹介しに来ると、五郎が「たまにはオイラにご馳走させてよォ！」と言って材料の仕入れに向かったのは、よその農家のニンジン畑。畑には見た目の悪いニンジンがたくさん捨てられている。

「まずいよ！　だってこれ規格外品だろ!?」。捨てられているとはいえ、農産物を勝手に拾うことを気にする純に、五郎は「充分食える。形が悪いだけだ」と意に介さない。ちゃぶ台をかこんで五郎はシュウにこう説明する。

「気にするほうがおかしいでしょう。だってスーパー行きゃ三個何ボの人参が、あすこで拾やァただなンだぜ？　まだ食えるもンを捨てるほうがよっぽどおかしいと思いません？」。シュウは「思います！」と即答する。

また『'95秘密』には、富良野市役所環境管理課の臨時職員をしている純が、ごみ収集に行った先で荒巻き鮭が丸ごと捨てられているのを見て複雑な表情をする場面が出てくる。その少し前に純は、五郎が、娘の螢が一緒に暮らす医師への挨拶代わりに荒巻き鮭を買う姿を見ているのだ。

「コノ大きいの。――イヤ小さいの。――イヤ大きいの――ア、中くらいの」

誰かがなけなしのお金で買う荒巻き鮭を、ごみとして捨てる人がいる現実……。

さらに『2002遺言』には、羅臼のコンビニで働く結《ゆい》（内田有紀）が、期限のせまった弁当を「いいのよ、どうせ捨てちゃうんだから」と、純にただで手渡そうとする場面がある。

手元にあと数分で期限が切れて捨てられる運命のお弁当があり、目の前にそれを必要としている人がいる。結にとっては、きっとごく自然な行動だったのだろう。

一方で「従業員がお店の商品を勝手に他人にあげてしまうとは何ごとか」「期限の切れかかったお弁当を人に食べさせようとするとは何ごとか」と立腹する人がいることも筆者

は理解しているつもりだ。

しかし第2章でも述べたように、大手コンビニは1店舗あたり年間468万円（中央値）もの食品を廃棄している。この金額を大手コンビニの全店舗数5万7524店に掛けると年間廃棄金額は約2692億円となる。しかも、ほとんどの食品が消費期限や賞味期限の前に設定された販売期限で店頭から下げられ廃棄されているのだ。まだ食べられる食品がこれだけ捨てられているという現実をどう考えたらいいのだろう？　また、期限が切れたからといって機械的に食品を捨てるということをどう考えたらいいのだろう？

†「思考停止」を嘆いた倉本聰さんの思い

『北の国から』の脚本家である倉本聰さんと2018年に対談させていただいたとき、大手コンビニによる大量の食料廃棄について、倉本さんがこう話していたのが印象的だった。

「捨てるって云ったって全然悪くなっているものじゃなくて、機械的に何時を過ぎたからって、片っ端から。……僕ら、戦時中の食料難の時代に育ってるから、どうしてこんな無駄が許されるンだろうって、いつも思います」

そして消費する側の思考停止についても嘆いていらっしゃった。

「……もう我々が直感的に五感で反応してた、食えるか食えないかの判断基準が、今の子たちには、『消費期限』や『賞味期限』に頼るしかないほど、低下してるンですね」

さらに日本社会全体に対して、

「本来、自然のものを食するって危険が伴って、〝AT YOUR OWN RISK（自己責任）〟だったはずなンですね。それが今、法律によって縛られちゃってる。日本の社会そのものが法律とか他人の意見に依存しちゃっているところに、食品ロスの問題の根底があるような気がする」

とおっしゃっていた。

これはとても重い言葉だ。ずっと食品ロス問題のことを考えてきたつもりでいたが、そういえばそれまで「食品ロス問題とは何なのか？」という問いを立てたことはなかった。

そもそも日本で食品に期限表示が入れられるようになったのは、ほんの50年ほど前のことだ。それまで日本の食品には「賞味期限」も「消費期限」もなかった。人はみな自分の五感に頼って、その食品が食べられるかどうかを判断するしかなかった。それが１９７６年にＪＡＳ法で、１９８５年に国際規格のＣＯＤＥＸ（コーデックス）規格で「賞味期限」が導入され、ついで１９９５年には「消費期限」が導入されると、食品包装に印字された期限表示の根拠も意味も考えることなく、わたしたち消費者は食品企業が決めた期限という「他人の意見」をうのみにしているのではないか。それこそ「思考停止」したまま。しかも日本だけでなく、世界中で……。

『北の国から』の結は「他人の意見」なんて意に介さない。社会の常識やしきたりに対して、口の横から舌をぺろっと出してはむかい、自分にとっての自然にしたがうのだ。

†お金がなければ頭と手を使う

さらに徹底しているのが純の父親、五郎である。五郎は、生産調整で売り物にならなくなった生乳からバターをつくり、魚や豚肉を燻製《くんせい》にして保存食にする。高いお金を払って電気や水道を引いてもらうかわりに、風力発電で電気をおこし、沢から水を引く。

家だって、仲間に手伝ってもらって自分で建ててしまう。木材がなければ、その辺に転がっている石や廃材で。畑の肥料には牛ふんや木くず、生ごみを発酵させた堆肥を使い、農薬は買わずに木酢液を使う。お金がないから頭と手を使うのだ。

五郎は時代や社会に流されない。頑固とか時代錯誤と言われようが、他人の意見にくみすることはない。あくまで自分の信じる「まっとう」な暮らしを貫き通す。そんな五郎のまっとうさは歳月とともにさらに深化しているように思える。

前述の分校の場面を思い返してみよう。螢以外の子どもたちは、すでに大人たちの常識を刷り込まれてしまっていた。食べられるものを捨てるのはもったいないことだが、その一方で、生産調整は仕方がないとも思っている。

しかし、五郎は、いくつになっても「食えるものを捨てるほうがおかしい」と言い切ることのできる人物なのだ。

五郎のしていることは、他人には簡単に真似のできないすごいことなのだが、脚本家の倉本さんは、五郎を偉人のようには描かない。むしろ、いつもへらへらと笑っている泥臭い男として描いている。

しかし、五郎は貧しいなりに、たったひとりでも満ち足りた日々を送っている。そんな五郎の生き方は、『北の国から』第21話で、富良野を出て札幌の歓楽街すすきので働く、つらら（熊谷〈現・松田〉美由紀）がぽつりとつぶやいた言葉を思い起こさせる。

「農家の暮らしって本当なのかもしれないって。特にお金にもなんないのにね。汗水流して、天気の心配して、地べたはいまわって、あの暮らしって、本当はね、とっても素敵なことなんじゃないかって」

つららの言葉にある「農家」を「五郎さん」に置き換えてみるとよくわかる。五郎の生き方はお金にならないかもしれない。でも、そんな五郎の生き方こそ、本来の人の生き方なのかもしれないのだ。

†ドラマから私たちは何を学ぶべきか

『北の国から』が1981年から描いてきた、ごみや食品ロス、過疎の問題、農業のあり方は、いまも大きな社会課題としてわたしたちの目の前に横たわっている。少しはましになったものもあるが、当時にも増して大きな問題になっているものもある。『北の国から』の五郎の生き方は、わたしたちが環境問題を考え、意識を変え、行動に移すための羅針盤になるはずだ。

お金をかけなくても、あるものでまかなえることはたくさんある。『北の国から』はSDGsの学びの宝庫だ。ドラマをリアルタイムで観ていない若い世代にも、ぜひおすすめしたい。

「金なんか望むな。倖せだけを見ろ。
ここには何もないが自然だけはある。自然はお前らを死なない程度には充分毎年喰わしてくれる。自然から頂戴しろ。そして謙虚に、つつましく生きろ。それが父さんの、お前らへの遺言だ」

テレビドラマの最終話「2002遺言」で、五郎が純と螢に贈った「遺言」が、黒板五郎という人物の生き様を強く物語っている。最後にその一節を掲載して稿を閉じたい。

おわりに

本書は、朝日新聞SDGs ACTION!に2021年9月から2025年1月まで「井出留美の食品ロスの処方箋」として、また、Yahoo!ニュースエキスパートに2020年2月から2023年2月まで「SDGs 世界レポート」として連載された記事がもとになっている。書籍化に際し、加筆、修正をおこなった。

記事を執筆した2020年から2024年は世界に激震の走った5年間だった。コロナ禍、ロシアのウクライナ侵攻とそれにつづく食料危機、鳥インフルエンザの大流行とエッグショック、記録的な円安と食品価格の高騰、イスラエルとガザの紛争、令和の米騒動、トランプ大統領の返り咲き……。

そして通奏低音のように気候変動がいつもそこにあった。わずか5年の間に「百年に一度」の洪水、「千年に一度」の熱波に豪雨と、世界各地で異常気象による自然災害がつづいた。

２０２1年8月、国連の気候変動に関する政府間パネル（ＩＰＣＣ）は「人間が地球を温暖化させてきたことは疑う余地がない」と断定。世界気象機関は「世界の気象災害が過去50年間で5倍に増加し、その経済損失は３兆６４００億ドル（約３８９兆円）」と報告した。

その気候変動の一因が食品ロスにあるということはほとんど知られていない。本書は、食品ロスと気候変動や食料システムとの関わりを、いかに「自分ごと」としてとらえ行動に移していくかをテーマに書いたものである。本書を読んで、目の前の料理と、その食材が食卓に運ばれるまでに関わったすべての人、畑や水田、山や海、農作物や家畜に対する意識が少しでも変わったのなら、著者としてこれほどうれしいことはない。

本書の上梓にあたり、お世話になった方に感謝の気持ちを伝えたい。

まず、こころよく取材に応じてくださったみなさんにお礼を申し上げたい。

それから朝日新聞SDGs ACTION!の編集を担当してくださった高橋万見子さん、三穂野博彦さん、竹山栄太郎さん、田之畑仁さんには、いつも親身になって、ていねいに原稿をみていただいた。厚く感謝申し上げたい。そして記事の書籍化を快諾してくださったYahoo!ニュースエキスパートの編集担当、小野塚夏子さんにも感謝したい。

また本書出版の機会をくださった筑摩書房の藤岡泰介さんと伊藤笑子さんにも感謝したい。書籍化にあたっては、伊藤笑子さんに大変お世話になった。本書は伊藤さんに5年分の文章を丹念に磨きあげていただいたものです。
最後に本書を手に取ってくださったすべての読者に心から感謝します。

2025年1月

井出留美

参考文献

第１章（ウェブサイトの注記のないものは、2025年１月５日閲覧。※印のウェブサイトは同日閲覧不可）
小川真如『日本のコメ問題：５つの転換点と迫りくる最大の危機』中公新書．2022.
株式会社成城石井「【調査報告】コロナ禍でも約９割が『食品スーパー重視』。ネットではなく食品スーパーを選ぶ理由を徹底調査」2020-09-17. https://www.seijoishii.co.jp/whatsnew/press/desc/397
北出俊昭『米の価格・需給と水田農業の課題：「減反」廃止への対応』筑波書房．2016.
熊野孝文『ブランド米開発競争：美味いコメ作りの舞台裏』中央公論新社．2021.
グランドデザイン株式会社「新型コロナ感染症への対策でどう変わる？　食品のお買い物における『フードロス』意識について」2020-05-30. https://www.gd-c.com/pdf/GrandDesign_news_20200530.pdf
小池理雄『なぜ、その米は売れるのか？：進化する原宿の米屋のマーケティング術』家の光協会．2023.
厚生労働省「第１部　新型コロナウイルス感染症と社会保障／第１章　新型コロナウイルス感染症が国民生活に与えた影響と対応」『令和３年版厚生労働白書』2021-07-30. https://www.mhlw.go.jp/wp/hakusyo/kousei/20/dl/1-01.pd
在オーストラリア日本国大使館「豪州における新型コロナウイルス対策の概要」2021-01-18. https://www.au.emb-japan.go.jp/files/100023087.pdf
佐藤洋一郎『米の日本史：稲作伝来、軍事物質から和食文化まで』中公新書．2020.
総務省統計局「労働力調査（基本集計）2020年（令和２年）平均結果の要約」2021-01-29. https://www.stat.go.jp/data/roudou/rireki/nen/ft/pdf/2020.pdf
帝国データバンク「2024年11月の景気動向調査」2024-12-4. https://www.tdb.co.jp/report/watching/press/pdf/p220907.pdf
冨田すみれ子「コロナ禍に関係なく、食べごろを迎える野菜やフルーツ。『行き場を失った食材』が食卓に届くまで」BuzzFeed News. 2020-7-24. https://www.buzzfeed.com/jp/sumirekotomita/tabechoku-food
日本政府観光局「ビジット・ジャパン事業開始以降の訪日客数の推移」2022年度．https://www.jnto.go.jp/statistics/data/marketingdata_tourists_after_vj_2022.pdf
農林水産省「食品安全に関するリスクプロファイルシート（細菌）」2016-11-30. https://www.maff.go.jp/j/syouan/seisaku/risk_analysis/priority/attach/pdf/hazard_microbio-22.pdf
八木宏典監修『最新版　図解　知識ゼロからのコメ入門』家の光協会．2019.
横江未央，川村周三「精米の賞味期限の設定（第１報）：貯蔵中の理化学特

性の変化」『農業機械学会誌』70(5). 55〜62. 2008.
横江未央，川村周三「精米の賞味期限の設定（第2報）：貯蔵中の食味の変化」『農業機械学会誌』70(6). 69〜75. 2008.
Abha Bhattarai and Hannah Denham. “Stealing to survive: More Americans are shoplifting food as aid runs out during the pandemic”. The Washington Post. 2020-12-10. https://www.washingtonpost.com/business/2020/12/10/pandemic-shoplifting-hunger/
Alexia Elejalde-Ruiz. “Three Illinois meat plants closed in the past week as COVID-19 cases mount. It could mean higher meat prices, fewer choices at supermarkets and for farmers, ‘some tough choices.’”. Chicago Tribune. 2020-04-25. https://www.chicagotribune.com/coronavirus/ct-coronavirus-meat-processing-plants-close-supply-chain-20200424-zjod6ww76vcdjmjl23rp2wm2ue-story.html
Amelia Lucas. “Nearly a fifth of Wendy's US restaurants are out of beef, analyst says”. CNBC.com. 2020-05-05. https://www.cnbc.com/2020/05/05/nearly-a-fifth-of-wendys-us-restaurants-are-out-of-beef-analyst-says.html?__source=sharebar|twitter&par=sharebar
Australian Bureau of Statistics. “Retail turnover falls 17.7 per cent in April”. 2020-06-04. https://www.abs.gov.au/articles/retail-turnover-falls-177-cent-april
Australian Bureau of Statistics. “Retail turnover rises 8.5 per cent in March”. 2020-05-06. https://www.abs.gov.au/articles/retail-turnover-rises-85-cent-march
Australian Bureau of Agricultural and Resource Economics and Sciences. “Australia does not have a food security problem”. 2020-10-21. https://daff.ent.sirsidynix.net.au/client/en_AU/search/asset/1030201/1
Bill Cieslewicz. “Kroger predicts food trends for 2021, including a starring role for mushrooms”. Cincinnati Business. 2020-12-31. https://www.bizjournals.com/cincinnati/news/2020/12/31/krogers-2021-food-trend-predictions.html
Catherin Rampell. “The next threat: Hunger in America”. The Washington Post. 2020-04-03. https://www.washingtonpost.com/opinions/the-next-threat-hunger-in-america/2020/04/02/cde04dfa-7525-11ea-a9bd-9f8b593300d0_story.html
Corteva Agriscience. “GLOBAL FOOD SECURITY INDEX 2019”. The Economist Intelligence Unit. https://cdn.teyit.org/wp-content/uploads/2020/02/Global-Food-Security-Index-2019-report-1.pdf
David Yaffe-Bellany and Michael Corkerym. “Dumped Milk, Smashed Eggs, Plowed Vegetables: Food Waste of the Pandemic”. *The New York Times*. 2020-04-11. https://www.nytimes.com/2020/04/11/business/coronavirus-destroying-food.html?smtyp=cur&smid=tw-nytimes
D. Donnelly, E. Wu, C. Folliott. NSW Department of Planning, Industry and Environment. “Report - NSW DPIE Reserach into food waste”. Food Man-

agement in COVID-19. May 2020. https://www.lovefoodhatewaste.nsw.gov.au/sites/default/files/2020-06/Report%20-%20NSW%20DPIE%20Research%20into%20food%20waste%20during%20COVID-19%20-%20Accessible%20-%20June%202020.pdf

Hannah Moore. "Panic buying leaves 1 in 3 unable to get what they need". The Australian. 2020-08-07. https://www.theaustralian.com.au/breaking-news/panic-buying-leaves-1-in-3-unable-to-get-what-they-need/news-story/538e70da65c1cd5b28ccaa96d9501cae

Hans Taparia. "How Covid-19 Is Making Millions of Americans Healthier". The New York Times. April 18, 2020-04-18. https://www.nytimes.com/2020/04/18/opinion/covid-cooking-health.html

Hassan Z, Sheikh, Randy Alison Aussenberg, Amber D. Nair, and Heidi M. Peters. "Infant Formula Shortage: FDA Regulation and Federal Response". The Congressional Research Service. 2022-05-21. https://crsreports.congress.gov/product/pdf/IF/IF12123

Isvett Verde. "How Farmers Got Florida to Swipe Ripe". The New York Times. 2020-06-05. https://www.nytimes.com/2020/06/05/opinion/sunday/farmers-florida-coronavirus.html

Kaitlan Collins and Maegan Vazquez. "Trump orders meat plants to stay open in pandemic". The Washington Post. 2020-04-29. https://www.washingtonpost.com/business/2020/04/28/trump-meat-plants-dpa/

Ken Haddad. "University of Michigan expert: 'No expectation' that stores will run out of food". clickondetroit.com. 2020-03-25. https://www.clickondetroit.com/all-about-ann-arbor/2020/03/25/university-of-michigan-expert-no-expectation-that-stores-will-run-out-of-food/

Lauren Bauer. "The COVID-19 crisis has already left too many children hungry in America". BROOKINGS. 2020-05-06. https://www.brookings.edu/articles/the-covid-19-crisis-has-already-left-too-many-children-hungry-in-america/

Michael Corkery and David Yaffe-Bellany. "Meat Plant Closures Mean Pigs Are Gassed or Shot Instead" The New York Times. 2020-05-14. https://www.nytimes.com/2020/05/14/business/coronavirus-farmers-killing-pigs.html

Michael Corkery and David Yaffe-Bellany. "We Had to Do Something: Trying to Prevent Massive Food Waste". The New York Times. 2020-05-02. https://www.nytimes.com/2020/05/02/business/coronavirus-food-waste-destroyed.html

New Zealand Food Network. "Food surplus redistribution Agreement to supply / receive food past 'Best Before'". date, May 2020. https://www.nzfoodnetwork.org.nz/our-impact/#impact-stats

Nick whigham. "'Stop ding it': Scott Morrison's furious message for hording shoppers". yahoo! news. 2020-03-18. https://au.news.yahoo.com/scott-morrisons-blunt-message-shoppers-hoarding-002504266.html

nsw epa. "Less food wasted, farmers more appreciated during COVID-19 shutdown". 2020-07-07. https://www.epa.nsw.gov.au/news/media-releases/2020/epamedia200707-less-food-wasted-farmers-more-appreciated-during-covid-19-shutdown
Peter O'connor, Jeromy Anglim and Luke Smillie. "Disagreeablity, neuroticism and stress: what drives panic buying during the Covid-19 pandemic". The Conversation. 2020-07-01. https://theconversation.com/disagreeability-neuroticism-and-stress-what-drives-panic-buying-during-the-covid-19-pandemic-141612
Reuters. "As U.S. meat workers fall sick and supplies dwindle, exports to China soar". v2020-05-12. https://www.reuters.com/article/economy/as-us-meat-workers-fall-sick-and-supplies-dwindle-exports-to-china-soar-idUSKBN22N0IG/
Robin Young. "Food 'Connects To Absolutely Everything': New Marion Nestle Book Dives Into Food Waste". Politics, NPR. 2020-09-07. https://www.wbur.org/hereandnow/2020/09/07/lets-ask-marion-nestle-food-politics
Shane Wright. "'Panic index' shows Australians were the world's best panic buyers". The Sydney Morning Herald. 2020-06-02. https://www.smh.com.au/politics/federal/panic-index-shows-australians-were-the-world-s-best-panic-buyers-20200602-p54ync.html
TMZ. "San Antonio Food Bank Serves 10,000 Families, Huge Line of Cars". 2020-04-10. https://www.tmz.com/2020/04/10/food-bank-line-overflowing-cars-san-antonio-families-hungry-coronavirus-pandemic-texas/
Tysons VA. "Numvers on baby formula show that Nation-wide Out-Of-Stock is now at 43% for the week ending May 8th, Datasembly Releases Latest Numbers on Baby Formula". Datasembly. 2022-05-10. https://datasembly.com/news/datasembly-releases-latest-numbers-on-baby-formula/
USDA. "USDA To Implement President Trump's Executive Order On Meat and Poultry Processors". 2020-04-28. https://www.usda.gov/media/press-releases/2020/04/28/usda-implement-president-trumps-executive-order-meat-and-poultry
U.S. Food & Drug. "FDA Investigation of Cronobacter Infections: Powdered Infant Formula". 2022-02-24. https://www.fda.gov/food/outbreaks-foodborne-illness/fda-investigation-cronobacter-infections-powdered-infant-formula-february-2022
U.S. Food & Drug. "Summary of FDA's Strategy to Help Prevent Cronobacter sakazakii Illnesses Associated with Consumption of Powdered Infant Formula". 2023-09-20. https://www.fda.gov/food/new-era-smarter-food-safety/summary-fdas-strategy-help-prevent-cronobacter-sakazakii-illnesses-associated-consumption-powdered
U.S. Food and Drug. "FDA Announces Temporary Flexibility Policy Regarding Certain Labeling Requirements for Foods for Humans During COVID-19 Pandemic". 2020-05-22. https://www.fda.gov/food/cfsan-const

ituent-updates/fda-announces-temporary-flexibility-policy-regarding-certain-labeling-requirements-foods-humans
WRAP. "Redistribution labelling guide". 2020-04-21. https://wrap.org.uk/content/surplus-food-redistribution-labelling-guidance, ※

第２章（ウェブサイトの注記のないものは、2024 年 10 月 29 日閲覧。※印のウェブサイトは同日閲覧不可）

朝日新聞デジタル「（フカボリ）牛乳、廃棄から救え　需要低迷・増産も裏目に、５千トン余る恐れ」朝日新聞デジタル．2021-12-22. https://digital.asahi.com/articles/DA3S15151471.html?iref=pc_ss_date_article, ※
ISHIYA「鶏卵原料不足に伴う 一部商品販売休止のお知らせ」ISHIYA. 2023-01-23. https://shop.ishiya.co.jp/blogs/news/23012
JA 全農たまご株式会社「相場情報」JA 全農たまご株式会社サイト．https://www.jz-tamago.co.jp/business/souba/monthly/
一般社団法人Ｊミルク「生乳生産量及び用途別処理量（全国）」2022-04-25. https://www.j-milk.jp/gyokai/database/milk-kiso.html#hdg9
一般社団法人Ｊミルク「乳牛のライフサイクル」find New 牛乳乳製品の知識．2024. 10. 28. https://www.j-milk.jp/findnew/chapter1/0103.html
井出留美『賞味期限のウソ：食品ロスはなぜ生まれるのか』幻冬舎新書. 2016.
井出留美「卵は賞味期限過ぎたら捨てる？意外に知らない、卵の正しい保存方法」Yahoo! ニュースエキスパート．2021-10-16. https://news.yahoo.co.jp/expert/articles/ab0d40a99ef0e976927fff86ba9c1aaf7dc6be63
江田真毅「日本最古のニワトリの雛を発見〜弥生文化におけるニワトリ飼育の解明へ〜」北海道大学プレスリリース（研究発表）2023-04-20. https://www.hokudai.ac.jp/news/2023/04/post-1218.html
環境省「７日でチャレンジ！食品ロスダイアリー」https://www.env.go.jp/recycle/diary1.pdf
木村純子・中村丁次編著，一般社団法人Ｊミルク編集・企画・原案『持続可能な酪農：SDGs への貢献』中央法規出版．2022.
キユーピー kewpie「家庭用商品 価格改定のお知らせ」2023-02-02. https://lp.kewpie.com/newsrelease/2023/2867
公正取引委員会「コンビニエンスストア本部と加盟店との取引等に関する実態調査について」2020-09-02. https://www.jftc.go.jp/houdou/pressrelease/2020/sep/200902_1.html
厚生労働省「貧困率の状況　2018 年『6　貧困率の状況』」https://www.mhlw.go.jp/toukei/list/dl/20_21_r021222_seigo_g.pdf
厚生労働省，農林水産省「食品期限表示の設定のためのガイドライン」2005-02. https://www.caa.go.jp/policies/policy/food_labeling/food_sanitation/expiration_date/pdf/syokuhin23.pdf
国税庁「令和５年分　民間給与実態統計調査」https://www.nta.go.jp/publication/statistics/kokuzeicho/minkan/gaiyou/2023.htm
国土交通省　気象庁「観測開始からの毎月の値　東京（東京都）　日平均気

温の月平均値（℃）」国土交通省　気象庁．https://www.data.jma.go.jp/obd/stats/etrn/view/monthly_s3.php?prec_no=44&block_no=47662
国立研究開発法人　国立環境研究所『FAQ5. 一人当たりの排出量』「Q5-1 日本の一人当たりのCO2排出量はどれくらいですか？」https://www.nies.go.jp/gio/faq/faq5.html
今野晴貴「『犯罪のような罪悪感』クリスマス商戦の『フードロス』でアルバイトが精神的苦痛」Yahoo! JAPANニュース．2022-12-24. https://news.yahoo.co.jp/byline/konnoharuki/20221224-00329830
佐藤文子，志村結美ほか著『新しい技術・家庭　家庭分野：自立と共生を目指して』東京書籍．2021.
消費者庁　食品表示課「加工食品の表示に関するQ&A（第2集：消費期限又は賞味期限について）」2011-04. https://www.maff.go.jp/j/jas/hyoji/pdf/qa_ka_2_h2304.pdf
消費者庁　消費者教育推進課　食品ロス削減推進室「令和3年度 消費者の意識に関する調査 結果報告書」消費者庁．2022-04. https://www.caa.go.jp/policies/policy/consumer_policy/information/food_loss/efforts/assets/consumer_education_cms201_220413.pdf
消費者庁「消費者教育の推進に関する法律」https://www.caa.go.jp/policies/policy/consumer_education/consumer_education/law/, https://www.caa.go.jp/policies/policy/consumer_education/consumer_education/law/pdf/leaflet.pdf
鈴木宣弘『農業消滅：農政の失敗がまねく国家存亡の危機』平凡社新書．2021.
一般社団法人全国スーパーマーケット協会「統計・データで見るスーパーマーケット『スーパーマーケット店舗数』」統計・データで見るスーパーマーケット．http://www.j-sosm.jp/tenpo/index.html
帝国データバンク「景気動向調査」2023-04-01. https://www.tdb.co.jp/report/watching/press/p230401.html
日本経済新聞「セブンイレブン、AIが発注案　店舗負担減」2023-01-11.
https://www.nikkei.com/article/DGKKZO67494980R10C23A1TB1000/
https://news.yahoo.co.jp/byline/iderumi/20191002-00144664
https://www.sej.co.jp/company/info/202301310900.html
http://www.meigetsudo.co.jp/news/archives/485
https://news.yahoo.co.jp/byline/iderumi/20230223-00338236
株式会社　日本フードエコロジーセンター「J. FECホーム」J. FEC. https://www.japan-fec.co.jp
一般社団法人　日本フランチャイズチェーン協会「コンビニエンスストア統計データ」https://www.jfa-fc.or.jp/particle/320.html
独立行政法人農畜産業振興機構　酪農乳業部　乳製品課「バター、脱脂粉乳およびチーズの流通実態調査の結果」2020-04. https://www.alic.go.jp/joho-c/joho05_001081.html
農林水産省　畜産局牛乳乳製品課「脱脂粉乳・バターの安定供給のために」2024-09-27. https://www.maff.go.jp/j/chikusan/gyunyu/antei_kyokyu.

html
農林水産省「畜産統計（令和4年2月1日現在）」2022-07-12. https://www.maff.go.jp/j/tokei/kekka_gaiyou/tiku_toukei/r4/
農林水産省「令和2年度食品リサイクル法に基づく定期報告の取りまとめ結果の概要」https://www.maff.go.jp/j/shokusan/recycle/syokuhin/s_houkoku/kekka/attach/pdf/gaiyou-113.pdf
農林水産省「令和5年恵方巻きロス削減取組事業者の中間公表について」https://www.maff.go.jp/j/shokusan/recycle/syoku_loss/ehoumaki2023.html
農林水産省「令和5年恵方巻きの需要に見合った販売に関する取組実施事業者（2月3日現在90事業者）」2023-02-03. https://www.maff.go.jp/j/shokusan/recycle/syoku_loss/attach/pdf/kisetsusyokuhin-4.pdf
農林水産省「野村農林水産大臣記者会見概要」2023-03-31. https://www.maff.go.jp/j/press-conf/230331.html
農林水産省「令和4年度 鳥インフルエンザに関する情報について」2024-02-20. https://www.maff.go.jp/j/syouan/douei/tori/220929.html#2
ハローズ「ハローズ HOME」https://www.halows.com
ほけん ROOM　マネー・ライフ（森下浩志監修）「節分後に残った恵方巻は半額で売れる？恵方巻とフードロスについての意識調査」2020-01-23. https://hoken-room.jp/money-life/7945
PopulationPyramid.net.「世界の人口ピラミッド（1950〜2100年）」https://www.populationpyramid.net/ja/日本/2023/
モアイライフ（more E life）「25メートルプールの水は何トンで何リットルで何立方メートル（立米：m3）か？何坪で何平米（m2）？【寸法や面積・体積】」https://toushitsu-off8.com/25m-pool-t/
株式会社吉野家「吉野家、新商品『焦がしねぎ焼き鳥丼』を全国の吉野家店舗で4月17日より販売開始―『お子様割』、『から揚げ祭』も順次開催」吉野家 News Release. 2023-04-12. https://www.yoshinoya.com/wp-content/uploads/2023/04/11180702/news20230412.pdf
流通経済研究所「日配品の食品ロス実態調査結果（小売業）」2015-03-06. https://www.jora.jp/wp-content/uploads/2021/02/150406nichi-hai03.pdf
レイチェル・ニューワー「節分の後にコンビニで廃棄される恵方巻の数は？食品ロスに取り組む活動家たち」BBC ニュース. 2024-06-27. https://www.bbc.com/japanese/articles/c4nnkwxp73po
appliance city. “What Is The Ideal Fridge Temperature?”. https://www.appliancecity.co.uk/refrigeration/fridges/what-is-the-ideal-fridge-temperature/
Blaine Friedlander. “PHYS.ORG.Milk carton ‘sell-by’ dates may become more precise”. 2018-08-27. https://phys.org/news/2018-08-carton-sell-by-dates-precise.html
FEEDBACK. “No use crying over spilled milk? How inaccurate date labels are driving milk waste and harming the environment”. 2019-02. https://feedbackglobal.org/wp-content/uploads/2019/02/Milk-waste-in-the-UK_

feedback-report-1.pdf
Food Standards Agency. "Best before and use-by dates". 2021-03-19. https://www.food.gov.uk/safety-hygiene/best-before-and-use-by-dates
Jonathan Bucks, Mail Online. "War on food waste: We bin 6.4million tons of perfectly good food every year - enough to fill Wembley Stadium 11 times. Now, MoS calls on readers, shops and restaurants to join its campaign to save the planet... and money". 2021-06-13. https://www.dailymail.co.uk/news/article-9680319/MoS-calls-readers-shops-restaurants-join-War-Food-Waste-campaign.html
LOVE FOOD hate waste. "Check your fridge temperature". https://www.lovefoodhatewaste.com/good-food-habits/check-your-fridge-temperature
Rachel Nuwer. "Japan has an excess sushi problem. These food waste activists put it in numbers" BBC. 2024-06-18. https://www.bbc.com/future/article/20240613-japan-has-an-excess-sushi-problem-these-food-waste-activists-put-it-in-numbers
Sara Spary. "Half Of People Don't Know The Correct Temperature For Their Fridge – Do You?". HUFFPOST. 2018-08-17. https://www.huffingtonpost.co.uk/entry/half-of-people-dont-know-the-correct-temperature-for-their-fridge-do-you_uk_5bc4b28fe4b0bd9ed55c8937
WRAP. "Development of best practice on food date labelling and storage advice". 2017-11. https://wrap.org.uk/sites/default/files/2020-08/Development%20of%20best%20practice%20on%20food%20date%20labelling%20and%20storage%20advice.pdf
WRAP. "WRAP comes up with a winning formula to tackle milk waste". 2018-11-05. https://wrap.org.uk/media-centre/press-releases/wrap-comes-winning-formula-tackle-milk-waste-0
WRAP. "Fresh, uncut fruit and vegetable guidance". 2019-11. https://wrap.org.uk/sites/default/files/2022-01/WRAP-food-labelling-guidance-uncut-fruit-and-vegetable_3.pdf

第３章（ウェブサイトの注記のないものは、2024 年 11 月 13 日閲覧。※印のウェブサイトは同日閲覧不可）

秋山千佳『実像 広島の「ばっちゃん」中本忠子の真実』KADOKAWA. 2019.
伊集院要『ばっちゃん：子どもたちの居場所。広島のマザー・テレサ』扶桑社. 2017.
井出留美『賞味期限のウソ：食品ロスはなぜ生まれるのか』幻冬舎新書. 2016.
井出留美『捨てられる食べものたち：食品ロス問題がわかる本』旬報社. 2020.
井出留美「コロナ禍の困窮者へ食品を：世界の食品寄付の法律や政策が地図で一目でわかるサイト」Yahoo! ニュース. 2021-07-26. https://news.yahoo.co.jp/expert/articles/a35e935bde598390dc30a1f218ba91225bbbaeb7
イミー・グティプル，デニス・コプルトン，ベッツィ・ルーカル共著／伊藤

茂訳『食の社会学：パラドクスから考える』NTT 出版．2016.
岩波祐子「フランス・イタリアの食品ロス削減法：2016 年法の成果と課題」参議院．2019-10-01. https://www.sangiin.go.jp/japanese/annai/chousa/rippou_chousa/backnumber/2019pdf/20191001003s.pdf
OECD. 平均賃金（Average wage). https://www.oecd.org/tokyo/statistics/average-wages-japanese-version.htm, ※
大原悦子『フードバンクという挑戦：貧困と飽食のあいだで』岩波書店．2008.
株式会社ダイエー，神戸市，株式会社サカイ引越センター「〜業界を超えた連携〜 フードドライブ活動の更なる発展に向けて」．環境省．2021-04-16. https://www.env.go.jp/recycle/foodloss/pdf/ev_02.pdf
認定 NPO 法人キッズドア理事長 渡辺由美子「認定 NPO 法人キッズドア 2024 夏 子育て家庭アンケート調査結果報告」．2024-06. https://kidsdoor.net/data/media/posts/202407/2024夏%20子育て家庭アンケート調査結果報告.pdf
認定 NPO 法人キッズドア「2024 夏 子育て家庭アンケートレポート（概要）」．2024-07-01. https://kidsdoor.net/data/media/posts/202407/2024%20夏%20子育て家庭アンケートレポート（概要).pdf
共同通信社「夏休み廃止や短縮希望、60% 困窮世帯『生活費かかる』」．2024-06-26. https://nordot.app/1178594821519393660?c=302675738515047521
厚生労働省「平成 22 年　国民生活基礎調査の概況　II 各種世帯の所得等の状況　7 貧困率の状況」．2011-07-12. https://www.mhlw.go.jp/toukei/saikin/hw/k-tyosa/k-tyosa10/2-7.html
厚生労働省「2022（令和 4）年 国民生活基礎調査の概況」．2023-07-04. https://www.mhlw.go.jp/toukei/saikin/hw/k-tyosa/k-tyosa22/dl/14.pdf
佐藤初女『おむすびの祈り：〈いのち〉と〈癒し〉の歳時記』PHP 研究所．1997.
鈴木雅子『その食事ではキレる子になる』河出書房新社．1998.
鈴木雅子『ココロとカラダを育てる食事：子どもとはじめる食育』フレーベル館．2000.
鈴木雅子『子どもを変える食事学：賢い脳と健やかな心を育てるために』家の光協会．2003.
総務省統計局「消費者物価指数」．2022-06-24. https://www.e-stat.go.jp/stat-search/files?page=1&toukei=00200573&tstat=000001150147
暉峻淑子『承認をひらく：新・人権宣言』岩波書店．2024.
中本忠子『ちゃんと食べとる？』小鳥書房．2017.
中本忠子『あんた、ご飯食うたん？：子どもの心を開く大人の向き合い方』カンゼン．2017 年．
農林水産省「諸外国のフードバンク活動の推進のための施策について」2013. https://www.maff.go.jp/j/budget/yosan_kansi/sikkou/tokutei_keihi/seika_h25/shokusan_ippan/pdf/h25_ippan_213_03.pdf
農林水産省「世界の食料自給率」．2023. https://www.maff.go.jp/j/zyukyu/zikyu_ritu/013.html

パルシステム千葉「《食でアクション》2024年度 第1回フードドライブのお知らせ」. 2024-05-27. https://www.palsystem-chiba.coop/news/detail/post-22530/
認定特定非営利活動法人フードバンク山梨「【食品寄付減少に立ち向かう新たな挑戦】物価高騰に苦しむ世帯に『コールドチェーン』構築により冷凍食品の提供を開始」. 2024. 07. 04. https://prtimes.jp/main/html/rd/p/000000027.000096284.html
CalRecycle. "California's Short-Lived Climate Pollutant Reduction Strategy". https://www.calrecycle.ca.gov/organics/slcp
Department of Education in UK. "Holiday activities and food programme 2022". GOV. UK. 2022-01-28. https://www.gov.uk/government/publications/holiday-activities-and-food-programme/holiday-activities-and-food-programme-2021
Jennifer Ludden. "Demand at food banks is way up again. But inflation makes it harder to meet the need". NPR. 2022-06-02. https://www.npr.org/2022/06/02/1101473558/demand-food-banks-inflation-supply-chain
National Association of Letter Carriers. "Stamp Out Hunger Food Drive - May 14, 2022". YouTube. 2022-04-07. https://www.youtube.com/watch?v=dhfHDGkdUsQ
Patrick Butler. "More than 2m adults in UK cannot afford to eat every day, survey finds". The Guardian. 2022-05-09. https://www.theguardian.com/society/2022/may/09/more-than-2m-adults-in-uk-cannot-afford-to-eat-every-day-survey-finds
Philip Gooding, Office for National Statistics. "Consumer price inflation, UK: May 2022". Office for National Statistics. 2022-06-22. https://www.ons.gov.uk/economy/inflationandpriceindices/bulletins/consumerpriceinflation/may2022
Karl Evers-Hillstrom. "Bipartisan bill aims to cut down on food waste by spurring donations". THE HILL. 2021-12-01. https://thehill.com/homenews/senate/583746-bipartisan-bill-aims-to-cut-down-on-food-waste-by-encouraging-donations
Robbie Meredith. "'Holiday hunger' payments to go ahead this summer without executive". BBC. 2022-06-08. https://www.bbc.com/news/uk-northern-ireland-61716032
Trussel Trust. "Food banks provide more than 2.1 million food parcels to people across the UK in past year, according to new figures released by the Trussell Trust". 2022-4-27. https://www.trusselltrust.org/2022/04/27/food-banks-provide-more-than-2-1-million-food-parcels-to-people-across-the-uk-in-past-year-according-to-new-figures-released-by-the-trussell-trust/ ※
U.S. Bureau of Labor Statistics. "CONSUMER PRICE INDEX – MAY 2022. U.S. Bureau of Labor Statistics". 2022-06-10. https://www.bls.gov/news.release/archives/cpi_06102022.pdf

Xinhua. "New law against food waste comes into force. Shine shanghai Daily". 2021-04-29. https://www.shine.cn/news/nation/2104298240/

第４章（ウェブサイトの注記のないものは、2024 年 11 月 13 日閲覧。※印のウェブサイトは同日閲覧不可）

IKEA「イケア・ジャパン、食品廃棄物 50% 削減の目標を早期に達成」. 2022-09-21. https://www.ikea.com/jp/ja/newsroom/corporate-news/20220921-reduce-food-waste-pub597658a0
井出留美「柑橘類の皮や規格外の鳴門金時も使うゼロ・ウェイストのクラフトビール：徳島県上勝町の RISE & WIN」. Yahoo! ニュースエキスパート. 2020-03-16. https://news.yahoo.co.jp/expert/articles/7e93080b58e30b2806381a7eeb0ce6650a1f8c9f
井出留美「世界のごみ焼却ランキング：３位はデンマーク、２位はノルウェー、日本は？」. Yahoo! ニュースエキスパート. 2021-04-20. https://news.yahoo.co.jp/expert/articles/0ea1e9f87759da0f78d2e8066846d16a6e69a05c
井出留美『スウェーデンでみつけたサステイナブルな暮らし方：食品ロスを減らすためにわたしたちにできること』青土社. 2022.
井出留美「ごみ 13 年間で 60% 減、毎年約３千万円削減：大木町は自治体のロールモデル『燃やせば済む』からの脱却」. Yahoo! ニュースエキスパート. 2022-07-20. https://news.yahoo.co.jp/expert/articles/0ed0ffad1434777f20c70f27bf33effbf0837c13
井出留美「なぜ燃やす？２兆円超、８割が水の生ごみも：焼却ごみ量・焼却炉数ともに世界一の日本」. Yahoo! ニュースエキスパート. 2021-04-06. https://news.yahoo.co.jp/expert/articles/1addffe180ab63a920cec939fdc33cb53f03ba22
井出留美「ニューヨーク市で進行中：日本が学ぶべき生ごみ・有機ごみの資源化政策：井出留美の『食品ロスの処方箋』【26】」. 朝日新聞 SDGs ACTION!. 2024-07-03. https://www.asahi.com/sdgs/article/15050420
上田市「『生ごみ出しません袋』を使ってごみを減らしましょう！」. 2024-03-30. https://www.city.ueda.nagano.jp/soshiki/genryo/1495.html
外務省「第２回ジャパン SDGs アワード受賞団体」. JAPAN SDGs Action Platform. 2018-12-21. https://www.mofa.go.jp/mofaj/gaiko/oda/sdgs/pdf/award2_torikumi.pdf
株式会社 komham「Technology」. https://komham.jp/technology
株式会社 komham「スマートコンポスト®　komham×渋谷区」. https://komham.jp/smartcompost/渋谷区様
株式会社 komham「komham、渋谷区実施のごみ減量実証事業に参画。渋谷区民限定で実証事業パートナーを募集」. PR TIMES. 2021-09-14. https://prtimes.jp/main/html/rd/p/000000002.000069421.html
環境省「一般廃棄物の排出及び処理状況等（令和元年度）について」. 2021-03-30. https://www.env.go.jp/press/109290.html
環境省「食品廃棄物等の利用状況等（令和２年度推計）〈概念図〉」. https://www.env.go.jp/content/000140159.pdf

環境省「一般廃棄物の排出及び処理状況等（令和 4 年度）について」. https://www.env.go.jp/press/press_02960.html
環境省「食品ロスの削減及び食品リサイクルをめぐる状況」. 2015-04. https://www.env.go.jp/council/03recycle/y031-15/900418431.pdf
北元均「微生物群『コムハム』を使って　生ゴミ処理をバージョンアップする」. DG Lab Haus. 2022-12-15. https://media.dglab.com/2022/12/14-komham-01/
京都市「新・京都市ごみ半減プラン：京都市循環型社会推進基本計画（2015-2020）」. 京都市情報館. 2015-03. https://www.city.kyoto.lg.jp/kankyo/cmsfiles/contents/0000189/189056/hangenpuran.pdf
京都市「『新・京都市ごみ半減プラン』の推進結果」. 京都市情報館. 2021-08. https://www.city.kyoto.lg.jp/kankyo/cmsfiles/contents/0000289/289439/02_0830_shiryo1-1.pdf
京都市食品ロスゼロプロジェクト「市民の皆さまへ」. 京都市食品ロスゼロプロジェクト. http://sukkiri-kyoto.com/shimin
小泉武夫ほか『FT 革命：発酵技術が人類を救う』東洋経済新報社. 2002.
小泉武夫『いのちをはぐくむ農と食』岩波書店. 2008.
小林富雄「韓国における食べ残しに関する食品廃棄物制度の分析：わが国の食品リサイクル制度への示唆」『農業市場研究』2016. 第 24 巻第 4 号. 46-51.
境公雄「大木町のメタン発酵による生ゴミ循環事業：生ゴミ・し尿・浄化槽汚泥のバイオマス利用について」. NPO 法人バイオマス産業社会ネットワーク（BIN）. 2014-11-26. https://www.npobin.net/research/data/142thSakai.pdf
さがみはらバイオガスパワー株式会社「事業概要」. さがみはらバイオガスパワー株式会社. https://www.sbp.co.jp/service/index.html,
渋谷区「渋谷区の土地と建物 _3-2」. https://files.city.shibuya.tokyo.jp/assets/12995aba8b194961be709ba879857f70/35cad3a34a6a458f8d77951fbcfe2101/assets_detail_files_kurashi_machi_pdf_tochi_tatemono2309.pdf
須坂市「広報須坂 2023 年 5 月号」. 2023-05-01. https://www.city.suzaka.nagano.jp/material/files/group/3/shiho2305.pdf
須坂市. ホームページ. https://www.city.suzaka.nagano.jp,
J. FEC. ホームページ. https://japan-fec.co.jp
ゼロ・ウェイストアクションホテル“HOTEL WHY”. ホームページ. https://www.chillnn.com/177bcc0b991336
武田信生「都市ごみ処理：今後の技術動向について」.『都市清掃』2006. 59(272). 21-26.
対馬市「生ごみの堆肥化」. 2021-06-10. https://www.city.tsushima.nagasaki.jp/gyousei/soshiki/shimadukuri/sdgs/sdgs/3679.html
対馬市「衛生・ごみ処理の状況」2022-06-09. https://www.city.tsushima.nagasaki.jp/gyousei/soshiki/shimin/kankyoseisakuka/tokei/375.html
東京都農業振興事務所「管内農業の概要」. 東京都農業振興事務所. 2024-10. https://www.agri.metro.tokyo.lg.jp/kannai/index.html#:~:text=東京都内に

は現在,83.7%25を占めています%E3%80%82
長崎県「くらしと産業」. https://www.pref.nagasaki.jp/shared/uploads/2023/03/1678170334.pdf
日本経済新聞「コムハム、生ごみを１日で分解　高速処理で異臭を防ぐ：我が社のストラテジー」. 日本経済新聞. 2020-08-19. https://www.nikkei.com/article/DGXMZO62790270Z10C20A8L41000/
公益財団法人　日本生産性本部「日本生産性本部、『労働生産性の国際比較2022』を公表：日本の時間当たり労働生産性は49.9ドル（5,006円）で、OECD加盟38カ国中27位」. 公益財団法人. 2022-12-19. https://www.jpc-net.jp/research/assets/pdf/press_2022.pdf
農林水産省「令和３年度食品廃棄物等の年間発生量及び食品循環資源の再生利用等実施率（推計値）」. https://www.maff.go.jp/j/shokusan/recycle/syokuhin/attach/pdf/kouhyou-14.pdf
農林水産省「飼料をめぐる情勢　畜産局飼料課」. 2023-09. https://www.naro.go.jp/laboratory/nilgs/kenkyukai/2331a66b1c3876a4554d8181b474aab8.pdf
https://www.maff.go.jp/j/heya/kodomo_sodan/0012/05.html, ※
服部雄一郎「焼却大国ニッポン：日本のリサイクル率はなぜこんなに低いのか？」. サステイナブルに暮らしたい. 2020-01-23. http://sustainably.jp/incineration/
福井県池田町「住民基本台帳人口と世帯数」. 2024-11-08. https://www.town.ikeda.fukui.jp/gyousei/gyousei/1921/p001487.html
山谷修作『ごみゼロへの挑戦：ゼロウェイスト最前線』丸善出版. 2016.
Amy Taxin. "AP Investigations, California is forging ahead with food waste recycling. But is it too much, too fast?". 2024-02-18. https://apnews.com/article/california-food-waste-organics-recycling-law-compost-biogas-ac619b7be6db391ac05ce9451361c2c7
Breaking Travel News. "Soper appointed vice president at Hilton Worldwide". 2012-08-07. https://www.breakingtravelnews.com/news/article/soper-appointed-vice-president-at-hilton-worldwide/
Consulate-General of Japan in San Francisco. 2021. https://www.sf.us.emb-japan.go.jp/itpr_ja/m08_06_02.html#:~:text=加州の農地及び牧草,(約180ha)%20より少ない%E3%80%82
Douglas Broom. "South Korea once recycled 2% of its food waste. Now it recycles 95%". World Economic Forum. 2019-04-12. https://www.weforum.org/agenda/2019/04/south-korea-recycling-food-waste/
Jake Bolster. "Why New York's Curbside Composting Program Will Yield Hardly Any Compost". 2023-10-01. https://insideclimatenews.org/news/01102023/brooklyn-curbside-composting-is-digesting/
Leanpath. "The Ritz-Carlton: 54% reduction in food waste". https://info.leanpath.com/ritz-carlton-leanpath-case-study
Marc Zornes, Founder. "How IKEA co-workers teamed up with Winnow to halve their global food waste". Winnow. 2022-09-20. https://blog.winnow

solutions.com/ikea-winnow-halve-their-global-food-waste
NEW YORK CITY COUNCIL. "Council Votes on Legislative Package to Create Citywide Residential Curbside Organics Collection Program, Advance NYC's Zero Waste Efforts". 2023-06-08. https://council.nyc.gov/press/2023/06/08/2421/
Rivka Galchen. "How South Korea Is Composting Its Way to Sustainability". The New Yorker. 2020-03-02. https://www.newyorker.com/magazine/2020/03/09/how-south-korea-is-composting-its-way-to-sustainability
Samantha Maldonado, The City Report, Inc. "A Third of New York's Organic Waste Ends Up in Landfills. Here's a Better Story for How to Dispose of It". 2023-02-21. https://projects.thecity.nyc/compost-staten-island-smart-bin/
Samantha Maldonado, The City Report, Inc. "Newtown Creek Plant Burns Off Valuable Methane Daily as Waste Recycle Project Lags". 2022-04-15. https://www.thecity.nyc/2022/4/15/23026137/newtown-creek-plant-burns-methane-waste-recycle-lags
United States Census. "Population estimates". https://www.census.gov/quickfacts/fact/table/newyorkcitynewyork/PST045222
Winnow. "See how IKEA Norway is building a sustainable food future with Winnow". https://info.winnowsolutions.com/see-how-ikea-norway-is-building-a-sustainable-food-future
Winnow. "Watch how IKEA Eindhoven is leading the food waste fight and saving over 48,000 meals". https://info.winnowsolutions.com/ikea-eindhoven-is-saving-over-48000-meals

第５章（ウェブサイトの注記のないものは、2024年12月28日閲覧。※印のウェブサイトは同日閲覧不可）

NHK クローズアップ現代「"もったいない魚" 未利用魚で食卓を豊かに！安くてうまい簡単レシピも！」. 2022-07-04. https://www.nhk.or.jp/gendai/articles/4682/
片野歩「『魚が獲れない日本』と豊漁ノルウェーの決定的な差 漁業先進国では『大漁』を目指さない合理的理由」. 東洋経済 ONLINE. 2022-10-22. https://toyokeizai.net/articles/-/626502
片野歩，阪口功『日本の水産資源管理：漁業衰退の真因と復活への道を探る』慶應義塾大学出版会. 2019.
環境省「気候変動に関する政府間パネル（IPCC）第６次評価報告書」. https://www.meti.go.jp/press/2021/08/20210809001/20210809001-1.pdf
気象庁「海面水温の長期変化傾向（日本近海）海洋の健康診断表」. 2024-03-05. https://www.data.jma.go.jp/kaiyou/data/shindan/a_1/japan_warm/japan_warm.html
気象庁「2023年北日本の歴代１位の暑夏への海洋熱波の影響がより明らかに」. 2024-07-19. https://www.jma.go.jp/jma/press/2407/19b/20240719_mhw2023.pdf

神門善久『日本農業改造論』ミネルヴァ書房．2022.
国立環境研究所「世界のメタン放出量は過去 20 年間に 10% 近く増加：主要発生源は、農業及び廃棄物管理、化石燃料の生産と消費に関する部門の人間活動」. 2020-08-06. https://www.nies.go.jp/whatsnew/20200806/20200806.html
水産庁『令和 3 年度 水産白書全文』. 2022-06-03. https://www.jfa.maff.go.jp/j/kikaku/wpaper/r03_h/index.html
水産庁『令和 6 年版 水産白書』. 2024-7-30.
中央酪農会議「日本の現役酪農家に聞く、『日本の酪農経営 実態調査』」. 2022-06-15. https://www.dairy.co.jp/news/kulbvq000000v0es-att/kulbvq000000v0g1.pdf
帝国データバンク「企業の価格転嫁の動向アンケート（2022 年 9 月）」. 2022-09-15. https://www.tdb-di.com/special-planning-survey/oq20220915.php
帝国データバンク「相次ぐ食品の『値上げ』家計負担は年間 7 万円の増加と試算：低収入世帯で食品値上げの負担感がより強く発生」. 2022-09-22. https://www.tdb.co.jp/report/watching/press/pdf/p220907.pdf
帝国データバンク「『酪農業』の倒産・休廃業解散動向（2024 年 1-10 月）」. 2024-11-08. https://www.tdb.co.jp/report/industry/bankruptcy_dairy241108/
帝国データバンク「定期調査：『食品主要 195 社』価格改定動向調査―2024 年 12 月 /2025 年」. 2024-11-29. https://www.tdb.co.jp/report/economic/tdb_neage241129/
日本水産株式会社「米国キャッチシェア・プログラム（ベーリング海）」. 2021-10-15. https://www.nikkeicho.or.jp/new_wp/wp-content/uploads/gyogyou03_11siryou05.pdf
日本農業法人協会「コスト高を『価格転嫁できていない』が 96%：農業法人の 98% が燃油・肥料・飼料が高騰と回答」. 2022-5-31. https://hojin.or.jp/information/2022costup/
農林水産省「畜産・酪農をめぐる情勢」. 2023-12. https://www.maff.go.jp/j/council/seisaku/tikusan/attach/pdf/r5bukai2-6.pdf
農林水産省「酪農経営改善緊急支援事業について」. 2022-12-23. https://www.maff.go.jp/j/chikusan/gyunyu/rakunou_keieikaizen.html
農林水産省「配合飼料価格高騰緊急特別対策について（令和 4 年 9 月）」. 2022-09. https://www.maff.go.jp/j/chikusan/sinko/lin/l_siryo/kinkyutaisaku.html
農林水産省「大豆をめぐる事情」. 2024-11. https://www.maff.go.jp/j/seisan/ryutu/daizu/attach/pdf/index-150.pdf
農林水産省「aff 2024 年 11 月号特集：『魚に夢中』知りたい！魚の今」. 2024-11-13. https://www.maff.go.jp/j/pr/aff/2411/spe1_02.html#main_content
農林水産省「地球温暖化対策」. https://www.maff.go.jp/j/seisan/kankyo/ondanka/index.html

農林水産省「飼料自給率とは」. https://www.maff.go.jp/j/zyukyu/zikyu_ritu/011.html
農林水産省「飼料価格高騰緊急対策事業」. https://www.maff.go.jp/j/chikusan/sinko/lin/l_siryo/attach/pdf/kinkyutaisaku-1.pdf
農林水産省「令和4年度の事業系食品ロス量が削減目標を達成！」. 2024-06-21. https://www.maff.go.jp/j/press/shokuhin/recycle/240621.html
農林水産省「令和5年産野菜（41品目）の作付面積、収穫量及び出荷量（年間計）」. 2024-09-18. https://www.maff.go.jp/j/tokei/kekka_gaiyou/sakumotu/sakkyou_yasai/r5/shitei_yasai_akifuyu/index.html
バーツラフ・シュミル著／栗木さつき，熊谷千寿訳『Numbers Don't Lie：世界のリアルは「数字」でつかめ！』NHK出版．2021．原著“Numbers Don't Lie: 71 Things You Need to Know About the World”. 2020.
ハウス食品グループ本社「第四回『食品ロスに関するアンケート調査』を公開」. 2021-09-30. https://housefoods-group.com/newsrelease/pdf/release_20210930_foodloss.pdf
ポール・ホーケン編著／江守正多，東出顕子訳『DRAWDOWN ドローダウン：地球温暖化を逆転させる100の方法』山と渓谷社．2021.
吉野源三郎『君たちはどう生きるか』岩波文庫．1982.
三菱UFJリサーチ＆コンサルティング「消費者庁請負事業　令和6年度 食品ロスによる経済　損失及び温室効果ガス排出量に関する調査業務調査報告書」. 2024-08. https://www.caa.go.jp/policies/policy/consumer_policy/information/food_loss/efforts/assets/consumer_education_cms201_240924_03.pdf
Concord monitor. “My Turn: America's food system is broker”. 2016-09-04. https://www.concordmonitor.com/America-has-a-broken-food-system-4478730, ※
European Commission. “Farm to Fork strategy for a fair, healthy and environmentally-friendly food system”. https://ec.europa.eu/food/horizontal-topics/farm-fork-strategy_en
FAO. “The State of World Fisheries and Aquaculture 2020”. https://www.fao.org/interactive/state-of-fisheries-aquaculture/2020/en/
FAO. “The State of Food Security and Nutrition in the World 2023”. https://openknowledge.fao.org/server/api/core/bitstreams/1f66b67b-1e45-45d1-b003-86162fd35dab/content
FAO. “The importance of Ukraine and the Russian Federation for global agricultural markets and the risks associated with the current conflict”. 2022-03-25. https://www.fao.org/3/cb9236en/cb9236en.pdf
FAO. “A first report, part of a multi-year process”. https://www.fao.org/interactive/sdg2-roadmap/en/
FAO. “COP28: FAO launches global roadmap process to eradicate hunger within 1.5℃ limits”. 2023-12-10. https://www.fao.org/newsroom/detail/cop28-fao-launches-global-roadmap-process-to-eradicate-hunger/en
FAO. “Food wastage footprint & Climate Change”. https://www.fao.org/

fileadmin/templates/nr/sustainability_pathways/docs/FWF_and_climate_change.pdf
Hannah Ritchie. "Emissions from food alone could use up all of our budget for 1.5℃ or 2℃ – but we have a range of opportunities to avoid this". Our World in Data. 2021-06-10. https://ourworldindata.org/food-emissions-carbon-budget
IPCC. "Climate Change and Land". https://www.ipcc.ch/srccl/
Kimberlean Donis. "Helping New Yorkers Fight Food Waste One Surprise Bag at a Time". BKReader. 2020-10-28. https://www.bkreader.com/featured-news/helping-new-yorkers-fight-food-waste-one-surprise-bag-at-a-time-6545685
Lisa Sweet and Alexia Semov. "For secure, nature-positive food systems, Europe must invest in farmers". World Economic Forum. 2022-04-11. https://www.weforum.org/agenda/2022/04/europe-food-systems-farmers/
Michael A. Ckark, Nina G. G. Domingo, Kimberly Colgan, Sumil K. Thakrar, et al., "Global food system emissions could preclude achieving the 1.5° and 2℃ climate change targets". Science. 2020-11-06. https://www.science.org/doi/full/10.1126/science.aba7357
National Geographic. "First study of all Amazon greenhouse gases suggests the damaged forest is now worsening climate change". 2021-03-12. https://www.nationalgeographic.com/environment/article/amazon-rainforest-now-appears-to-be-contributing-to-climate-change
National Geographic Magazine. "First study of all Amazon greenhouse gases suggests the damaged forest is now worsening climate change". 2021-02-17. https://www.nationalgeographic.com/environment/article/amazon-rainforest-now-appears-to-be-contributing-to-climate-change
Nature Food. "Food systems are responsible for a third of global anthropogenic GHG emissions". March 8, 2021. https://www.nature.com/articles/s43016-021-00225-9
ReFED. Dana Gunders. "Food Loss On Farms: How The Drive For Efficiency Builds Waste Into The System". 2021-03-19. https://refed.com/articles/food-loss-on-farms-how-the-drive-for-efficiency-builds-waste-into-the-system/
ReFED. "In the U.S., 38% of all food goes unsold or uneaten – and most of that goes to waste". https://refed.org/food-waste/the-challenge
UAE Consensus. "COP28 UAE, COP28 Delivers historic consensus in Dubai to Accelerate Climate Action". https://www.cop28.com/en/news/2023/12/COP28-delivers-historic-consensus-in-Dubai-to-accelerate-climate-action
United Nations. "Food Systems coordination hub, Secretary-General's Call to Action for accelerated Food Systems Transformation (FST)". 2023-07-26. https://www.unfoodsystemshub.org/fs-stocktaking-moment/documentation/un-secretary-general-call-to-action/en
United Nations. "Human Rights, Bachelet hails landmark recognition that

having a healthy environment is a human right". 2021-10-08. https://www.ohchr.org/EN/NewsEvents/Pages/DisplayNews.aspx?NewsID=27635&LangID=E
United Nations. "Access to a healthy environment, declared a human right by UN rights council". 2021-10-08. https://news.un.org/en/story/2021/10/1102582
United Nations. "Farmers the 'lifeblood of our food systems', deputy UN chief highlights, ahead of key summit". 2021-07-24. https://news.un.org/en/story/2021/07/1096362
United Nations. "Food systems hold power to 'realise vision of a better world', says UN Secretary-General at first Food Systems Summit". 2021-09-23. https://www.un.org/en/food-systems-summit/news/food-systems-hold-power-'realise-vision-better-world'-says-un-secretary-general
USDA Foreign Agricultural Service. "Grain: World Markets and Trade". 2022-04-08. https://apps.fas.usda.gov/psdonline/circulars/grain.pdf
USDA Foreign Agricultural Service. "Oilseeds: World Markets and Trade". 2022-04-08. https://apps.fas.usda.gov/psdonline/circulars/oilseeds.pdf
USDA. "Transforming the U.S. Food System Making It Better for Farmers and Families". 2022-06-23. https://usda.exposure.co/transforming-the-us-food-system
World Resources Institute. "What's Food Loss and Waste Got to Do with Climate Change? A Lot, Actually". 2015-12-11. https://www.wri.org/insights/whats-food-loss-and-waste-got-do-climate-change-lot-actually
World Resources Institute. "Countries' Climate Plans (NDCs) Are Missing a Big Opportunity: Reducing Food Loss and Waste". 2019-07-03. https://www.wri.org/insights/countries-climate-plans-ndcs-are-missing-big-opportunity-reducing-food-loss-and-waste
WRAP. "LIFE UNDER COVID-19: FOOD WASTE ATTITUDES AND BEHAVIOURS IN 2020". 2021-02-26. https://www.wrap.ngo/resources/report/life-under-covid-19-food-waste-attitudes-and-behaviours-2020
WWF. "92% of fish discarded in EU fisheries linked to trawling - WWF study". 2022-04-11. https://www.wwf.eu/?6393966/92-of-fish-discarded-in-EU-fisheries-linked-to-trawling---WWF-study
WWF. "Driven to Waste". 2021-07. https://wwfint.awsassets.panda.org/downloads/driven_to_waste_summary.pdf
https://www.cop28.com/search-results?q=Declaration%20on%20Agriculture%20Food%20%20Climate. ※

第６章（ウェブサイトは2024年12月28日閲覧）

青山俊董『道元禅師に学ぶ人生：典座教訓をよむ』NHKライブラリー．2005.
秋月龍珉『道元禅師の「典座教訓」を読む』ちくま学芸文庫．2015.
永六輔『あなたの「いのち」をいただきます』ヴィレッジブックス．2007.

大山貴子「『食べ物を救い出すことは自分自身を救うこと』食品ロスを考える日本の旅でグロス監督が問うもの」. HUFFPOST. 2020-08-13. https://www.huffingtonpost.jp/entry/story_jp_5f2caf15c5b6b9cff7ef52a3
北大路魯山人著／平野雅章編『魯山人味道』中公文庫. 1980.
倉本聰『シナリオ 1981-'89 北の国から全 1 冊』理論社. 1990.
倉本聰『シナリオ 1995 北の国から '95 秘密』理論社. 1995.
消費者庁「食品ロスによる経済損失及び温室効果ガス排出量の推計結果」2024-06-21. https://www.caa.go.jp/notice/assets/consumer_education_cms201_20240621_0003_attached.pdf
テリー・リーヒー著／矢矧晴彦訳『テスコの経営哲学を 10 の言葉で語る：企業の成長とともに学んだこと』ダイヤモンド社. 2014.
鳥居本幸代『阿闍梨さまの料理番』春秋社. 2020.
藤井宗哲『禅寺の精進料理十二か月』ちくま文庫. 2004.
藤井宗哲訳／解説『ビギナーズ日本の思想　道元「典座教訓」：禅の食事と心』角川文庫. 2009.
富良野自然塾（3）季刊誌『カムイミンタラ』2018 年秋. 44 号. pp24-54.
水上勉『土を喰う日々：わが精進十二カ月』新潮文庫. 1982.
水上勉『精進百撰』岩波書店. 1997.
文部科学省「『こども未来戦略方針』を踏まえた学校給食に関する実態調査の結果について」2024-06-12. https://www.mext.go.jp/content/20240612-mxt-kenshoku-000036395-1.pdf
山田和『知られざる魯山人』文春文庫. 2011.
吉村昇洋『精進料理考』春秋社. 2019.
ロイター「焦点：自民特命チームが「教育国債」有力視、5-10 兆円案も」2017-03-14. https://jp.reuters.com/article/world/5-10-idUSKBN16L0F5/
ADEME. "REPORT ON WG 1 OF THE NATIONAL PACT AGAINST FOOD WASTE". 2019-11. https://food.ec.europa.eu/document/download/59c3b7db-152b-4cc1-8cf8-f388b5a1aa67_en
European Environmental Agency. "Waste Prevention Country Profile France April 2023". 2023-05-17. https://www.eea.europa.eu/themes/waste/waste-prevention/countries/2023-waste-prevention-country-fact-sheets/france_waste_prevention_2023/view
Federal Ministry of Food and Agriculture. "General Agreement on the Reduction of Food Waste". 2020-03-04. https://www.bmel.de/SharedDocs/Downloads/EN/_Food-and-Nutrition/general_agreement-reduction_of_food_waste.pdf?__blob=publicationFile&v=1
Federal Ministry of Food and Agriculture. "National Strategy for Food Waste Reduction". https://food.ec.europa.eu/system/files/2020-05/fw_lib_fwp-strat_national-strategy_deu_en.pdf
Kate Brumback and John Leicester. "AP News, Paris Olympics food donations seek to help needy, contribute to sustainability and set an example". 2024-08-08. https://apnews.com/article/olympics-2024-paris-reducing-food-waste-d98fb3b50b833876506155caf9f5613c

Olympics.com. "Gourmet, more local, more plant-based food for the Games". https://olympics.com/en/paris-2024/our-commitments/the-environment/food-vision

REPRÉSENTATION PERMANENTE DE LA FRANCE AUPRÈS DES NATIONS UNIES À ROME. "Food loss and waste". https://onu-rome.delegfrance.org/Food-loss-and-waste

Robert Costanza, Rudolf de Groot, Paul Sutton, Sander van der Ploeg, Sharolyn J. Anderson, Ida Kubiszewski, Stephen Farber, R. Kerry Turner. "Changes in the global value of ecosystem services". *Global Environmental Change*, Volume 26, 2014-05, pp 152-158. https://www.sciencedirect.com/science/article/abs/pii/S0959378014000685

Too Good To Go ApS. "WHY HAVE A CODE OF ETHICS?". https://www.toogoodtogo.com/code-of-ethics

Too Good To Go ApS. "Fighting Food Waste together since 2016". https://www.toogoodtogo.com/about-us

Too Good To Go ApS. "10% OF EU'S HOUSEHOLD FOOD WASTE IS DUE TO CONSUMERS' MISUNDERSTANDING OF DATE LABELS". https://www.toogoodtogo.com/look-smell-taste

Too Good To Go ApS. "A win-win-win solution, FOR FMCGs, CUSTOMERS AND THE PLANET". https://www.toogoodtogo.com/surplus-food-parcels

WRAP. "The Courtauld Commitment 2030". https://wrap.org.uk/taking-action/food-drink/initiatives/courtauld-commitment

＊

調査・リサーチは株式会社 office 3.11（代表取締役＝井出留美）が行いました。

株式会社 office 3.11　公式サイト

http://www.office311.jp

初出一覧

本書は、下記の記事として発表した原稿に大幅に加筆し、構成・編集したものです。

第１章　パニック買いの背後で捨てられる食べもの
1　コメが消えた夏＝朝日新聞 SDGs ACTION! 2024 年 10 月 4 日
2 「新しい生活様式」は食品ロスを減らしたのか？
朝日新聞 SDGs ACTION! 2024 年 7 月 2 日
3　世界一パニック買いをした国
Yahoo! ニュースエキスパート 2020 年 11 月 16 日
4　コロナ時代の食品ロス
Yahoo! ニュースエキスパート 2021 年 2 月 16 日
Yahoo! ニュースエキスパート 2021 年 2 月 27 日
Yahoo! ニュースエキスパート 2021 年 3 月 15 日
Yahoo! ニュースエキスパート 2021 年 3 月 29 日
朝日新聞 SDGs ACTION! 2024 年 12 月 4 日

第２章　日本の食の「捨てる」システム
1　大量売れ残りと廃棄を前提としたビジネス
朝日新聞 SDGs ACTION! 2023 年 3 月 14 日
2　牛乳 5000 トン廃棄の裏事情
朝日新聞 SDGs ACTION! 2022 年 5 月 16 日
3　賞味期限――厳守ではないことを書き足す知恵
朝日新聞 SDGs ACTION! 2022 年 9 月 5 日
4　牛乳の「賞味期限」で一人ひとりが考えるべきこと
朝日新聞 SDGs ACTION! 2022 年 12 月 9 日
5 「捨てる」が組み込まれた大手コンビニのビジネスモデル
朝日新聞 SDGs ACTION! 2023 年 2 月 15 日
6　高騰する卵の価格から、安すぎる日本の食を考える
朝日新聞 SDGs ACTION! 2023 年 5 月 22 日

第３章　貧困をめぐる実情
1　世界をおおう食料高騰と貧困の波
朝日新聞 SDGs ACTION! 2022 年 7 月 23 日
2　食品ロスと貧困支援をつなぐフードドライブとは
朝日新聞 SDGs ACTION! 2022 年 6 月 7 日
3　子どもの食と居場所はなぜ大切なのか
朝日新聞 SDGs ACTION! 2024 年 8 月 2 日

第４章　ごみ政策と食品ロスの切っても切れない関係
1　減らすポイントは「量る」こと

朝日新聞 SDGs ACTION! 2023 年 8 月 4 日
2　ごみゼロを実践する町　朝日新聞 SDGs ACTION! 2022 年 11 月 10 日
3　ごみ焼却率ワースト１の日本
朝日新聞 SDGs ACTION! 2021 年 12 月 6 日
4　分ければ資源・混ぜればごみ
朝日新聞 SDGs ACTION! 2023 年 10 月 3 日
5　捨てるのをやめてつくり出す、飼料も肥料も燃料も
朝日新聞 SDGs ACTION! 2023 年 12 月 1 日
6　新たな解決策を高校生が切りひらいた事例
朝日新聞 SDGs ACTION! 2024 年 5 月 1 日

第５章　気候変動とほころんだ食料システム
1　食品ロスは温暖化の主犯格？
朝日新聞 SDGs ACTION! 2021 年 9 月 21 日
2　世界の食品ロスの不都合な真実
朝日新聞 SDGs ACTION! 2021 年 10 月 26 日
朝日新聞 SDGs ACTION! 2021 年 11 月 1 日
朝日新聞 SDGs ACTION! 2023 年 9 月 7 日
3　「食品ロス削減」が気候変動対策に加わった COP28
朝日新聞 SDGs ACTION! 2024 年 1 月 4 日
4　世界の食料システムのほころび
Yahoo! ニュースエキスパート　2022 年 6 月 1 日
Yahoo! ニュースエキスパート　2022 年 7 月 1 日
Yahoo! ニュースエキスパート　2022 年 8 月 1 日
Yahoo! ニュースエキスパート　2022 年 9 月 1 日
5　日本の食料システムのほころび
Yahoo! ニュースエキスパート　2022 年 11 月 1 日
Yahoo! ニュースエキスパート　2022 年 12 月 1 日
Yahoo! ニュースエキスパート　2023 年 1 月 4 日

第６章　食べものを捨てるとき、わたしたちは何を捨てているのか
1　食品ロス削減は何につながるのか
朝日新聞 SDGs ACTION! 2022 年 2 月 7 日
2　食品ロス削減のカリスマが説く「三つの３」
朝日新聞 SDGs ACTION! 2022 年 3 月 8 日
朝日新聞 SDGs ACTION! 2023 年 6 月 8 日
朝日新聞 SDGs ACTION! 2025 年 1 月 1 日
3　食べものを捨てるとき、わたしたちは何を捨てているのか
朝日新聞 SDGs ACTION! 2023 年 7 月 4 日
4　自然から頂戴する――『北の国から』に学ぶ SDGs な生き方
朝日新聞 SDGs ACTION! 2024 年 3 月 1 日

ちくま新書
1848

私《わたし》たちは何《なに》を捨《す》てているのか
――食品《しょくひん》ロス、コロナ、気《き》候《こう》変動《へんどう》

二〇二五年三月一〇日　第一刷発行

著者　井出留美（いで・るみ）
発行者　増田健史
発行所　株式会社 筑摩書房
東京都台東区蔵前二-五-三　郵便番号一一一-八七五五
電話番号〇三-五六八七-二六〇一（代表）
装幀者　間村俊一
印刷・製本　株式会社 精興社

ISBN978-4-480-07677-9 C0236

ちくま新書

1821
社会保障のどこが問題か——「勤労の義務」という呪縛
山下慎一

日本の社会保障はなぜこんなに使いにくいのか。複雑に分立した制度の歴史を辿り、日本社会の根底に渦巻く「働かざる者食うべからず」という倫理観を問いなおす。

1760
「家庭」の誕生——理想と現実の歴史を追う
本多真隆

イエ、家族、夫婦、ホーム……。様々な呼び方をされるそれらをめぐる錯綜する議論を追うことで、これまで語られなかった近現代日本の一面に光をあてる。

1759
安楽死が合法の国で起こっていること
児玉真美

終末期の人や重度障害者への思いやりからの声がある一方、医療費削減を公言してはばからない日本の政治家やインフルエンサー。では、安楽死先進国の実状とは。

1733
日本型開発協力——途上国支援はなぜ必要なのか
松本勝男

緊迫する国際情勢において途上国支援の役割とは何か。欧米とも中国とも異なる日本独自の貢献のかたちを紹介しつつ、めざすべき開発協力のあり方を提示する。

1716
よみがえる田園都市国家——大平正芳、E・ハワード、柳田国男の構想
佐藤光

近代都市計画の祖・ハワードが提唱した田園都市は、柳田国男、大平正芳の田園都市国家構想へとどのように受け継がれてきたか。その知られざる系譜に光を当てる。

1717
マイノリティ・マーケティング——少数者が社会を変える
伊藤芳浩

マーケティングは、マイノリティが社会を変える武器になる。東京オリパラ開閉会式放送への手話通訳導入などに尽力したNPO法人代表が教えるとっておきの方法。

1711
村の社会学——日本の伝統的な人づきあいに学ぶ
鳥越皓之

日本の農村に息づくさまざまな知恵は、現代社会に多くのヒントを与えてくれる。社会学の視点からそのありようを分析し、村の伝統を未来に活かす途を提示する。

1706
消費社会を問いなおす
貞包英之
消費社会は私たちに何をもたらしたか。深刻な環境問題や経済格差に向き合いながら、すべての人びとに自由や多様性を保障するこれからの社会のしくみを構想する。

1691
ルポ 特殊詐欺
田崎基
強盗まがいの凶行で数百万円騙し取る。「家族を殺すぞ」と脅され犯行から抜け出せない。少年から高齢者まで全世代が警戒すべき、今最も身近で凶悪な犯罪のリアル。

1698
ルポ 脱法マルチ
小鍜冶孝志
「近くでいい居酒屋知らない？」。ついていったらマルチだった。毎日新聞の記者が、謎の「事業家集団」の実態に迫るルポルタージュ。

1661
リスクを考える
――「専門家まかせ」からの脱却
吉川肇子
なぜ危機を伝える言葉は人々に響かず、平静を呼びかけるメッセージがかえって混乱を招くのか。コミュニケーションの視点からリスクと共に生きるすべを提示する。

1654
裏横浜
――グレーな世界とその痕跡
八木澤高明
オシャレで洗練され都会的なイメージがある横浜。しかし、その背景には猥雑で混沌とした一面がある。欲望、野心、下心の吹き溜まりだった街の過去をさらけ出す。

1639
パンデミック監視社会
デイヴィッド・ライアン
松本剛史訳
新型コロナウイルスのパンデミックは監視技術の世界的大流行でもあった。加速する監視資本主義とデータ主義は社会をどう変えるのか。世界的権威による緊急発言。

1632
ニュースの数字をどう読むか
――統計にだまされないための22章
トム・チヴァース
デイヴィッド・チヴァース
北澤京子訳
ニュースに出てくる統計の数字にはさまざまな裏がある、前提がある。簡単に信じてはいけません。数字にだまされないノウハウを具体例をあげてわかりやすく伝授。

ちくま新書

1629
ふしぎな日本人
——外国人に理解されないのはなぜか
ピーター・バラカン
塚谷泰生
日本の集団主義の起源は、コメづくりにあった。日本人を知り尽くすバラカン氏と、ヨーロッパで活躍する実業家・塚谷氏が、日本独特の文化を縦横無尽に語り合う。

1625
政策起業家
——「普通のあなた」が社会のルールを変える方法
駒崎弘樹
「フローレンスの病児保育」「おうち保育園」「障害児保育園ヘレン」等を作ってきた著者の、涙と笑いの闘いの記録。政治家や官僚でなくてもルールを変えられる!

1623
地方メディアの逆襲
松本創
東京に集中する大手メディアには見過ごされがちな問題を丹念に取材する地方紙、地方テレビ局。彼らはいかに現場と読者に向き合っているのか。当事者の声を届ける。

1620
東京五輪の大罪
——政府・電通・メディア・IOC
本間龍
2021年猛暑のなか、多くの疑惑と世界的パンデミックでも強行された東京五輪。そこで明らかになった利益優先、政治利用、世論誘導やメディア支配の全貌とは。

1588
環境社会学入門
——持続可能な未来をつくる
長谷川公一
環境社会学とはどんな学問か。第一人者がみずからの研究史を振り返りつつ、その魅力と可能性を説き明かす。環境問題に関心をもつすべての人のための導きの書。

1837
サプリメントの不都合な真実
畝山智香子
紅麹の危険性は予知されていた! 「ビタミンやミネラルだから安全」は大間違い? 知ったら怖くて飲めなくなる。食品安全の第一人者が隠された真実を徹底解説。

1842
ゆたかさをどう測るか
——ウェルビーイングの経済学
山田鋭夫
GDPでは数値化することのできない、人間の「ゆたかな生(ウェルビーイング)」とは何だろうか。経済成長至上主義を問いなおし、来るべき市民社会を構想する。